JN300913

ガリレオ・ガリレイの
『二つの新科学対話』
静力学について

著　ガリレオ・ガリレイ
訳　加藤 勉

DISCORSI E DIMOSTRAZIONI MATEMATICHE,
intorno à due nuoue Scienze
Attenenti alla MECANICA & i MOVIMENTI LOCALI,
del signor GALILEO GALILEI LINCEO,
IN LEIDA, Appresso gli Elsevirii. M.D.C.XXXVIII, 1638
published in Japan by Kajima Institute Publishing Co., Ltd., 2007.

目　次

1 まえがき……………5
 1 本書の目的……………5
 2 時代背景……………6
 3 ガリレイの生涯……………9
 4 『二つの新科学対話』の構成と翻訳文について……………12

2 二つの新科学対話(第二日目)，静力学について……16

3 あとがき……………100

ガリレオ・ガリレイ（Domino Galileo Galilei, 1564 ～ 1642）

1 まえがき

1 本書の目的

歴史書はガリレオ・ガリレイ（Domino Galileo Galilei, 1564～1642）を近代科学の祖として称賛している。ティモシェンコは『材料力学史』（川口昌宏訳，鹿島出版会，1974年）において，ガリレイの『二つの新科学対話』が材料力学に関する世界最初の出版物であり，この日から力学の歴史が始まったと書いている。しかし，彼がいかに偉大であったかはその著書を読んでみないと理解できない。そこで私はこの『二つの新科学対話』をやや苦心して読んだ結果，ようやく彼の近代科学の祖たるゆえんを納得した。

その内容は天秤または梃子の釣合いから始めて梁の強さにまでおよぶ理論を展開したものであり，今日の力学の教科書には極めて当然のようにさらりと記述されている事柄である。しかしながら彼がいかにしてその理論体系を創出したかについて私は大いなる感銘をうけた。そしてこれを今日のようにさらりと通過したのでは力学の本質は判らないのではないかと思ったので，この著書をなるべくやさしく翻訳して読者諸氏に提供しようと考えたのである。

2 時代背景

ガリレイの業績を理解するためにはガリレイの時代に至るまでの世の中の動きを知っておく必要があるので，蛇足ながら，主として哲学（科学），技術に着目して振り返ってみると，その歴史は概略次のようになる。

アテナイ期（B.C.480〜B.C.400）

　ギリシャ哲学の最盛期であり，科学はアリストテレスに代表される。

アレクサンドリア［ヘレニズム］期（B.C.400〜B.C.250）

　対スパルタ戦によるアテナイの崩壊，アレクサンドロスの大遠征によりギリシャ文明は拡散し，ヘレニズム期に入り，アリストテレス哲学は東方文明の影響をうける。

ローマ期（B.C.250〜A.D.400）

　ローマ帝国の拡大についやされる。ローマ人は極めて現実的な人間で，技術の進歩はあったが，科学に対する関心は薄かった。

封建時代

　ローマ帝国滅亡によりパクスロマーナの枠組みは崩壊し，多数の領主の封建支配下に入る，いわゆる中世暗黒時代が10世紀以上続く。

ガリレイは中世末期，近世への曙の時代に生きた人である。彼の時代までには前述のごとく長い歴史を経ているものの，科学に関してはいぜんとしてアリストテレス学派の支配下にあったようである。アリストテレスは道徳哲学よりはむしろ論理学者，科学者であり，万物の自然を見出すことに主眼をおいた。しかしその解釈は根源的なものではなく，例えば石が空中を落下し，水が地面に復帰し，鳥が空を飛び，魚が水中を泳ぐのはすべて自然のものであり，それがこれらの存在する目的であるとする目的因的な思想の持ち主だったと言える。ギリシャ時代にはアリストテレス哲学は支配的であり，多数の信奉者を得て，いわゆるアリストテレス学派が形成された。以降，アリストテレス学派の思想はヘレニズム，ルネッサンスの影響をうけるが，少なくとも科学に関しては十数世紀の間，根本的な変革はなされていなかったようであり，ガリレイの論文が発表されたときはアリストテレス学派に取り囲まれていたのである。

　『二つの新科学対話』の中でもガリレイはアリストテレス学派をたびたび批判している。しかし，アリストテレス自身は十数世紀前の人であり，その思想が超克されるのは当然であるからガリレイはアリストテレス自身を批判しているのではなく，アリストテレス学派の愚鈍さ，進歩のなさを批判しているのであると言えよう。とはいえアリストテレス学派の思想は長い伝統に基づくものであり，簡単に変革されうるものではないから，これを論破するにはガリレイは相当辛辣な表現を使っている。

この長い期間，科学が発達しなかった理由の一つとして次のことが考えられる。ギリシャもローマも奴隷制度の国であり，哲学は貴族，上層階級の手中にあり，技術は職人（奴隷，ローマにあっては兵士）の仕事とされていたため，両者の交流はほとんどなかった。科学は理論とその実証によって成立つものである以上，この分離が科学の進歩を阻害していたのである。ルネッサンスの最大の功績は職人技の尊厳を認め，学者の世界との交流によって合理的な世界像を打ちたてるのに成功したことであると言われているが，これが科学の分野にもおよんだとは思えない。しかしガリレイについて言えば，彼がルネッサンス発祥の地であるフィレンツェの人であり，技術に対する関心が深かったことが彼の力学創出に影響を与えたことは十分考えられる。

　ガリレイは古典時代からの長い期間を通じて，唯一アルキメデス（前3世紀頃）の幾何学者，科学者としての業績を高く評価しており，『二つの新科学対話』の中でもしばしば引用している。アルキメデスはギリシャの植民地であったシチリア島のシラクサの人であり，ヘレニズム国家，プトレマイオス朝の首都，アレキサンドリアに留学した。アレキサンドリアにはビブリオテケ（図書館）とムセイオン（高等研究所）が設立されていた。この図書館は前3世紀のうちには数十万部の蔵書を誇る世界最大の図書館に成長している。アルキメデスはここでエウクレイデス（ユークリッド）の幾何学，数理学を学び，また天

体観測の研究を行った。その成果を「力学的定理について」と題して当時の図書館長・エラトステネスに提出した。しかし，この研究は古典時代には引き継がれず，広く知られることはなかった。なんと，20世紀になってこの論文が発見され，世界を驚かせたのである。

彼は故郷シラクサに帰ってからも研究を続けたが，ローマとカルタゴの第2次ポエニ戦争（B.C.218～B.C.201）に巻き込まれる。歴史家ディオロドスの叙述によれば，ローマの兵士が侵入して来てアルキメデスを捕虜にしようとしたが，彼は幾何学の作図に夢中で，誰が引っ張っているのかもわからず「おい，あんた，わしの図形からどいてくれ」と言ってとりあおうとしなかったので，ローマ兵は怒ってこの世間離れした天才を斬り殺してしまったという。ときに彼は75歳であった。

3 ガリレイの生涯

ガリレイは1564年2月，フィレンツェ貴族の後裔としてピサに生まれた。ピサ大学を経て1589年，25歳の若さでピサ大学数学教授の地位を得た。ピサ時代，彼はユークリッド，アルキメデスの数学，力学の研究を行い，同時に有名なピサの斜塔を用いて実験を行い，落体の法則，振子の等時性を発見した。彼の研究は当時の主流だったアリストテレス学派の力学とは相容れないものであったが，彼はあくまで自説を通し，アリストテレス派学者を辛辣な皮肉を込めて"知的こびと"と呼んだ。こ

のため若いガリレイに敵意が集中し、彼は苦しい立場に立たされた。しかし幸いにも1951年にパドア大学に数学教授の講座を与えられる。ここでの研究は目覚ましく、1594年に論文「力学について」(Della Scienza Meccanica) を完成した。このころから彼は天文学にも興味を持つようになっていた。初めの頃は当時の慣例にならって天動説を教えていたのであるが、研究の帰結としてコペルニクスの地動説に転向していったのである。

1610年9月、彼は第一哲学者、第一数学者としてトスカナ大公家に招聘される。ここでは特に職務上の義務はなく、研究に専念することができた。

同じ頃オランダで望遠鏡が発明されたという情報を得て彼も望遠鏡の製作に取り組み、ついに32倍の望遠鏡の製作に成功した。この望遠鏡による天体観測の結果、彼は地動説を確信するに至り、熱烈な地動説支持者となった。しかし、このことが法皇庁の検邪聖省(異端審問所)との間に悶着を起こすことになる。

まず，1616年に検邪聖省から警告をうける。しかし，この警告は彼の名声と多数の有力者との関係ゆえに大変おだやかなものであった。そこで彼は地動説を説かないと約束するがこの約束はしばしば破られた。そして1632年に「宇宙の二つの考え方に関する対話」(Dialogues on the Two Maximal Systems) を発表するにおよび，再び検邪聖省との問題が起こるのであるが，その裁判は極めて厳しいものであり，異端の容疑で告発されてしまう。すると彼の論争好きの性格が事態を悪化させる。裁判記録によれば，彼の理論は聖書に反するという主張に対して「これは我々の問題ではない。我々にとって重要なのは真実の物理的証明であり，この理論が聖書に合わないのであれば聖書を変えさせればよい」と答えている。しかし他面，彼は聖書の真の内容と文字にとらわれた表現とは明確に区別しているのであるが，敵に取り囲まれている裁判ではこの点は考慮さるべくもなかった。

　事態をさらに悪化させたのは上記「宇宙の二つの考え方に関する対話」も『二つの新科学対話』と同じくSagredo(サグレド)，Salviatti(サルヴィアチ)，Simplicio(シンプリチオ)の三人の対話の形をとっていて，シンプリチオがアリストテレス学派の代表者であるが，彼はこのシンプリチオを馬鹿でノロマであるのごとく言い，さらに裁判の中で法皇ウルバノ8世について不適切な言葉を口走ったことのようである。かくて彼は有罪を宣告され，フィレンツェに戻ってアーチェイトリの別荘で残る8年の生涯を送ったのである。『二

つの新科学対話』はこの時期に書かれたもので，彼のライフワークの総括であり，1638年にライデンのエルセビア社から出版された。この蟄居とも言うべき時期があったればこそ画期的な名著が生まれたと考えれば，我々にとっては不幸中の幸いであったとも考えられる。

　ガリレイは1642年1月28日，彼の愛弟子トリチェリ（Evangelista Torricelli）に看取られながら逝去した。

4　『二つの新科学対話』の構成と翻訳について

　原著の表題は，

"DISCORSI E DIMONSTRAZIONI MATEMATICHE,

intorno à due nuoue scienze Attenenti alla Mecanica & i Movimenti Locali, del signor

GALILEO GALILEI LINCEO,

Filosofo e Matematico primario del Sereniffimo Grand Duca di Toscana.

IN LEIDA, Appresso gli Elsevirii. M. D. C. XXXVIII."

　「静力学および動力学に関する二つの新科学についての討論および数学的証明，

ガリレオ・ガリレイ，リンチェオ（アカデミー会員），

トスカナ大公家第一哲学者兼第一数学者，

ライデン，エルセビア社出版」

である。二つの科学とは静力学と動力学のことであり，四日間

にわたる三人（サルヴィアチ，サグレド，シンプリチオ）の対話形式で書かれている。サルヴィアチがガリレイの主張を命題およびその解説の形で述べ，サグレドはガリレイの信奉者で，サルヴィアチの叙述を補足，誘導する役を果たす。一方，シンプリチオはアリストテレス学派を代表する形でサルヴィアチの説に反論する役を果たしている。これによってガリレイの説とアリストテレス学派の説の相異を際立たせている。

なお，サグレドは実在の人とされている。

四日間にわたる対話のうち初めの二日間は静力学を，続く二日間は動力学を扱っている。静力学の第一日目は，静力学および運動の理論について種々の考え方が提出され，かつ批判される。特にアリストテレス学派に対する批判が目立つ。この第一日目の討論によって我々は当時物理諸現象がどのように解釈されていたのかを概略知ることができる。

このガリレイの著書はすでに今野，日田の両氏によって翻訳・出版されている（『ガリレオ・ガリレイ　新科学対話』今野武雄・日田節次 訳，岩波文庫，1937年）。また，英訳（"Galileo, Henry Crew & Alfonso de Salvio" Mcmillian Company, New York, 1933）もあるが，叙述に多少の混乱があるとされている。

本書で訳出したのは二日目の静力学に関する部分である。底本として，『INTEMAC, SECOND DAY OF DIALOGUES ON THE TWO NEW SCIENCES』（1981）を利用させて頂いた。

INTEMAC (INSTITUTO TECNICO DE MATERIALES Y CONSTRUCCIONES, Madrid) はJOSÉ CALAVERA博士を会長とするスペインの純非営利の協会であり，この本は非売品として1,100部印刷されている。

　今日の力学分野では構造物に対する種々の外力，外力によって発生する構造各部の応力，部材抵抗力の種類等に対して学術用語が定義されており，この学術用語を用いれば構造物の挙動が的確に理解できるようになっている。しかし，当然のことながらガリレイの時代には，この学術用語が確立しておらず，力の流れ，釣合いが日常用語を用いて説明されているので，論述が極めてまわりくどくなっている。また時により説明する言葉が微妙に変化するので，用語の同一性を確認するのが難しく，さらに数式がいっさい使われていないので，釣合いに関する論述が理解しづらい。

　訳者が冒頭で「やや苦心して読んだ」と書いたのはこのことである。また，前記今野，日田両氏の訳は数学的に正確な訳であるが，現在の構造力学用語との対応がはっきりせず，原文と同様な難解さをもっている。このような理由から，筆者は読者が材料力学，構造力学に通じた人であることを前提として，現行術語を用いて一種の意訳をした。それでもなお意を通じがたいと思われるときには随時，解説的註釈を加えた。

本書で，

> [解説]

とした部分が，訳者による註釈にあたる。原書にないもののため，特に表記のしかたを改めている。

2 二つの新科学対話(第二日目),静力学について

サグレド　あなたをお待ちしている間,シンプリチオ君と私は,あなたが求めようとしている結果の原理および基礎としてお話になったことの要点を思いだそうとしていたところです。それはすべての固体が相当の引張力を加えないと破断しない抵抗力(訳註:強さ)をもっており,これは固体を構成する要素間に存在する一種の接着剤によるものとして考察されましたが,我々は後にこの凝集力は固体構成要素内に存在する真空に帰因するものとして説明しようと試みました。これが脱線のきっかけとなって丸一日をついやすことになり,固体の破壊抵抗力とは何かという本題からすっかり逸脱してしまいました。

サルヴィアチ　皆よく覚えています。話を元に戻しますと,固体の破壊抵抗力の性質が何であれ,それが存在することは確かです。そしてこの抵抗力は直接引張ったときは大変大きいが,曲げたときは通例,より小さい値になります。例えば,1,000ポンドの引張

りに耐える鋼またはガラスの棒が壁に直角に埋め込まれている場合には，棒の先端（自由端）に50ポンドの力を加えれば折れてしまいます。我々はこの後者の場合について，同材料の丸棒や角棒が形，長さ，厚さに関係なく外力（重量）と破壊抵抗力との間にどのような関係（比率）があるのかを見出さねばなりません。この議論では梃子の各端に作用する外力と抵抗力（反力）の大きさはそれぞれの支点からの距離に反比例するという有名な力学原理は承認済みのものとします。

シンプリチオ これは誰よりも先にアリストテレスが著書『力学』で証明したものです。

サルヴィアチ さよう，発表年代の点では彼の優先権を認めましょう。しかし証明の厳密さという点ではアルキメデスに首位を与えねばなりません。というのは彼の著書『平衡論』で証明でされた唯一の命題は，単に梃子の法則だけでなく，他のたいていの機械的装置の法則に基礎を置いているのですから。

サグレド こうなると，あなたがこれから押し進めようとするすべての証明はこの原理に基礎を置くことにな

りますから，あまり時間がかからなければ，この命題の完全かつあます所のない証明をしてくださるのがよいと思います。

サルヴィアチ それは適切だと思います。しかし私はアルキメデスの用いた方法と少し違ったやり方でこの題目を解決する方が良いと思います。すなわち，「中心に支点をもつ棒の両端に等しい重量がおかれるときは，その系は平衡を保つ」という最も始源的な原理だけを使って（この原理はアルキメデスも仮定したものですが），天秤棒の腕の長さが棒から吊られる重量に反比例するときは重量が等しくなくても釣合いが成り立つということも真であるということを証明したいと思います。

　言い換えれば，同じ重量を等距離に置くことと，異なる重量を，その重量に反比例する距離に置くことは同じことであるということです。

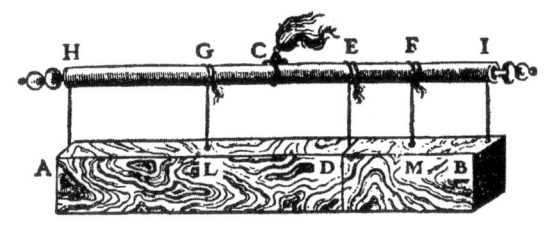

図1

　これを明らかにするために図1に示すように釣合い棒HIが，中点Cで吊られ，角棒または丸棒の両端A，Bがそれぞれ釣合い棒の端H，Iで糸で結ばれているもの（長さHIとABは等しい）を想像します。H点とI点はそれぞれABの重量半分を支え，吊り点CはHIの中心にあるから，仮定原理に従い，系は平衡状態にあります。

　今，角棒ABがDA＞DBなる点Dで分離されたとします。この分離がなされたら，分離された部分が線HIに等しい相対位置を保つようにADとDBを支え，かつE点とを結ぶような糸で結ばれたとします。そうすると角棒と釣合い棒HIとの相対位置は変わりませんから，角棒は元の平衡状態を保つことは明らかです。

　ここで，ADの中点Lと対応する位置Gとを糸で結び，またDBの中点Mと対応位置Fとを糸で結びます。そして糸HA，ED，IBを切断しても平衡状態は変わりません。従って，今や我々は原系と等価な釣合い系として，次のようなものを考えることができます。

すなわち，C点を支点とする釣合い棒GFの両端GとFから重量物ADとDBが吊られて釣合っており，支点Cから重量物ADの吊り点までの釣合い棒の腕の長さはCGであり，重量物DBの吊り点までの腕の長さはCFであるような系です。

残る問題は腕の長さGCとCFの比は重量DBとDAの比に等しいことを示すだけです。これは次のように証明されます。

GEはEHの半分，EFはEIの半分であるからGFは釣合い棒の全長HI上の半分であり，これはCIに等しい。ここで共有部分CFを差し引けば残りのGCはFI（＝FE）に等しい。このおのおのにCEを加えるとGE＝CFとなる。よって $\frac{GE}{EF} = \frac{FC}{CG}$ を得る。

しかるに，GE，EFはそれぞれAD，DBの半分であるから，$\frac{GE}{EF} = \frac{AD}{DB}$，すなわち，角棒ADとDBの重量比である。

ゆえに，重量ADとDBの比はアーム長さFCとCGの比に等しい。

以上の論述が明確であれば，皆さんは図1の配置が二つの等重量が支点から等距離に配置される場合と等価であることを認めるでしょう。もし二つの角柱AD，DBが立方体，球その他いかなる形に変わっても，GとFが吊り点の位置を保つ限り，この配置がC点のまわりに釣合いを保つことは疑えません。なぜならばその質量が変わらない限り，形の変化は重量の変化をもたらさないからです。任意の固体はその重さに反比例する支点からの距離において釣合うという一般的な結論を導くことがで

きます。

　この原理が確立した時点において，外力，抵抗力（反力），モーメント，形象等は物質と切り離した抽象的なものとしても，物質と結びついた具体的なものとしても考え得るということに注意して戴きたいと思います。ゆえに，単に幾何学的かつ非物理的な形態に属する諸特性はこの形態に物質をみたし，重量を与えるときには修正が必要となります。

　例えば，図2に示すように梃子ABを支点Eにあてて重い石Dを動かそうとする場合を考えます。

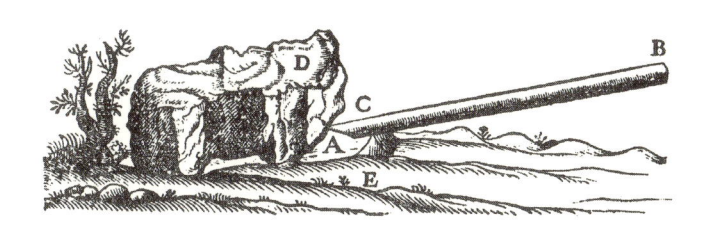

図2

　今証明した原理は，梃子の先端Bに加えられた力と石Dからの反力（抵抗力）の比が距離ACとCBの比に等しければちょうど釣合い状態になることを明らかにしています。そして，このことはBに加わる力とA点に生ずる反力（抵抗力）によるモーメントのみを考え，梃子を重さのない非物質的なものとして取扱う限り真です。しかし，木とか鉄でできている梃子の重量もB点の外力に加えるときはこの比は変わり，異なった項で表

されねばなりません。ゆえに前もってこの二つの見地を区別しておきましょう。梃子のような道具をその自重を無視して抽象的なものとして考えるときには"抽象的な意味で"と表現し，梃子の重量も考えるときは複合力，あるいは単にモーメントと呼びます。

サグレド　私は一つの疑問点を解消しておかないとこれから先の話に注意力を集中できませんので，ちょっとあなたの話の邪魔をすることになりますが，というのはあなたはB点の外力と石の全重量Dを比較しておられるように思えるのですが，石の重量の大きな部分は地面の上に乗っているので……。

サルヴィアチ　あなたの言うことは判りましたから，それ以上続ける必要はありません。しかしながら，私は石の全重量のことを言ったのではなくて，梃子BAの先端A点に働く力のことを言ったのです。これは常に石の重さより小さく，石の形や位置によって変わります。

サグレド　なるほど，しかし私はもう一つ知りたい問題があります。理解を完全にするために，石の重量のどれだけが地面で支えられ，どれだけの部分が梃子

の先端Aで支えられるのかを決定する方法を教えて頂きたいのです。

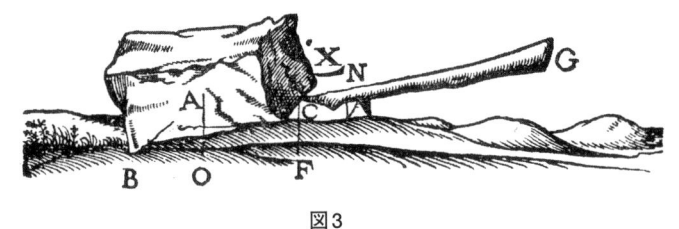

図3

サルヴィアチ その説明はたいして手間取らないので，喜んであなたの求めに応じましょう。図3において，石の重心はAで，一方は端Bが地面で支えられ，他方の端が梃子の先端Cで支えられているとします。また，Nが梃子の支点であり，先端Gに加力されるとします。重心Aおよび梃子の先端Cから鉛直線AO，CFを引きます。そうすると，石の全重量とG点に加わる力の比は距離比 $\frac{GN}{NC}$ と $\frac{FB}{BO}$ の複比になります。

このことを示すために，$\frac{X}{NC} = \frac{BO}{FB}$ になるような距離Xを考えます。

石の重量AはB点とC点の反力で釣合うから力の比 $\frac{B}{C}$ は距離の比 $\frac{FO}{BO}$ に等しい。ゆえに，全重量A＝B＋Cと力Cの比は距離の比 $\frac{FB}{BO}$ すなわち $\frac{NC}{X}$ に等しくなる。一方Cに加わる力とGに加

わる力の比は距離の比 $\dfrac{GN}{NC}$ に等しい。ゆえに，全重量AとG点に加わる力の比は距離の比 $\dfrac{GN}{X}$ に等しくなる。しかるに比 $\dfrac{GN}{X} = \dfrac{GN}{NC} \cdot \dfrac{NC}{X}\left(=\dfrac{FB}{BO}\right)$ であるから，石の重量Aとこれに釣合う梃子先端力Gの比は $\dfrac{GN}{NC}$ と $\dfrac{FB}{BO}$ の複比になる。これで石の重量に対するG点に加える力の割合が求まりました。

[解説]

1) 図1の天秤の問題を操作順に分けて図解すると**図1′**のようになる。

a) 原系

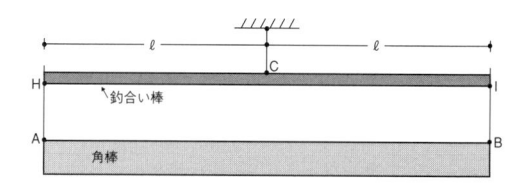

角棒ABはその両端から釣合い棒HIで鉛直，かつ平行に糸で吊られており，釣合い棒の中点Cで支えられている。

b) 操作

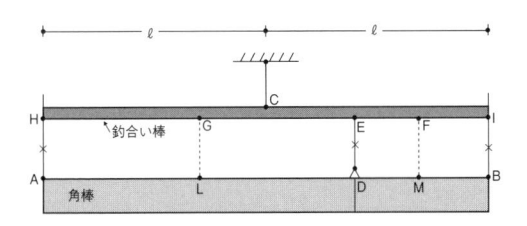

i) 角棒ABをD線で分離する（AD＞DB）
ii) 分離後，原系と同じ位置を保つようにDEを糸で結ぶ。
iii) また，角棒ADの中点LとDBの中点Mとそれぞれの釣合い棒対応位置G, Fとを糸LG, MFで結ぶ。
iv) 次に，糸AH, DE, BIを切断する。これによって平衡状態は変わらない。

c) 等価系

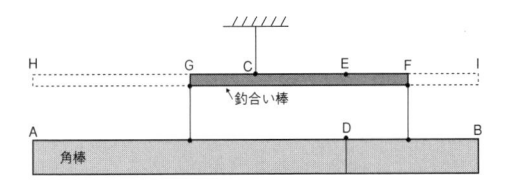

図c) は原系と等価な釣合い系となる。この系の寸法関係は $GE = \frac{1}{2} EH$, $EF = \frac{1}{2} EI$, $GF = GE + EF = \frac{1}{2}(EH + EI) = \frac{1}{2} HI = CI$

ここで，GF＝CIからその共有部分CFを差引くと，GC＝FI（＝EF）を得る。従って，GE＝CFである。

すなわち，$\dfrac{GE}{EF} = \dfrac{FC}{CG}$ となる。

ところで，GE = $\frac{1}{2}$AD，EF = $\frac{1}{2}$DBであり，それぞれ角棒AB，角棒DBの重量を代表している。

ゆえに，$\frac{重量AD}{重量DE} = \frac{FC}{CG}$となり，重量比はアーム比に逆比例している。あるいは釣合い系においては支点まわりの両側のモーメント（アーム×重量）は等しいことを示している。

図1′

2）図3で，記号が距離，位置を示す場合と重量，力を示す場合を区別するために，例えば図3′のようにG，B等が同時に力を表すときはⒼ，Ⓑのように○で囲むこととし，少し丁寧に説明する。

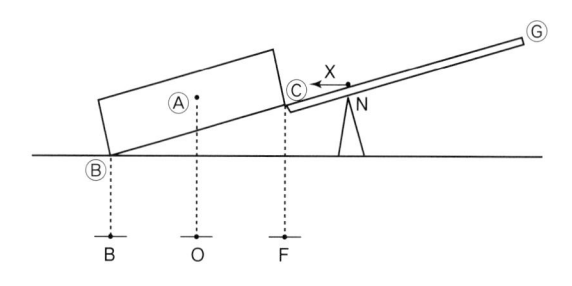

図3′

$\frac{X}{NC} = \frac{BO}{FB}$ ……………… (1) になるようなXを考える。

石の釣合いはⒸ・FO ＝ Ⓑ・BOであるから

$$\frac{Ⓑ}{Ⓒ} = \frac{FO}{BO}$$ ……………… (2)

Ⓑ＋Ⓒ＝Ⓐと (2) 式よりⒷを消去して

$$Ⓐ = Ⓒ\left(1 + \frac{FO}{BO}\right) = Ⓒ\frac{BO+FO}{BO} = Ⓒ\frac{FB}{BO}$$

$$\therefore \quad \frac{Ⓐ}{Ⓒ} = \frac{FB}{BO} \quad \cdots\cdots\cdots\cdots (3)$$

(1) 式より $\quad \dfrac{1}{X} = \dfrac{FB}{BO} \dfrac{1}{NC} = \dfrac{Ⓐ}{Ⓒ} \dfrac{1}{NC}$

しかるに，梃子の釣合いから

$$\frac{Ⓒ}{Ⓖ} = \frac{GN}{NC} \cdots\cdots\cdots\cdots (4)$$

(3), (4) 式から

$$\frac{Ⓐ}{Ⓖ} = \frac{Ⓐ}{Ⓒ} \cdot \frac{Ⓒ}{Ⓖ} = \frac{FB}{BO} \cdot \frac{GN}{NC} = \frac{GN}{X}, \quad [(1) \text{ 式より}],$$

つまり $\dfrac{Ⓐ}{Ⓖ} = \dfrac{GN}{X}$

しかるに $\dfrac{GN}{X} = \dfrac{GN}{NC} \cdot \dfrac{NC}{X}$,

また (1) 式より $\dfrac{NC}{X} = \dfrac{FB}{BO}$ であるから

$\dfrac{Ⓐ}{Ⓖ} = \dfrac{GN}{NC} \cdot \dfrac{FB}{BO}$, つまり，梃子のアーム比と石の重心まわりのアーム比の複比となる。

この問題は次のようにも書ける。

梃子の釣合いは, $\dfrac{Ⓖ}{Ⓒ} = \dfrac{CN}{GN} \cdots\cdots\cdots\cdots (5)$

石の釣合いは, $\dfrac{Ⓒ}{Ⓑ} = \dfrac{BO}{OF}$ かつ Ⓒ ＋ Ⓑ ＝ Ⓐ,

この両式から Ⓑ を消去すると,

$$Ⓐ = \frac{BF}{BO} \cdot Ⓒ \cdots\cdots\cdots\cdots (6)$$

⑤, ⑥式より

$\dfrac{Ⓐ}{Ⓖ} = \dfrac{Ⓐ}{Ⓒ} \cdot \dfrac{Ⓒ}{Ⓖ} = \dfrac{BF}{BO} \cdot \dfrac{GN}{CN}$ と上と同じ結果を得る。

ここで，我々の本来の課題に戻りましょう。これまでの議論が明らかであれば，次の命題は容易に理解できるでしょう。

命題 I ガラス，鋼，木材，その他破損しうる材料でできた角棒または円棒が，長さ方向に引張られるときは非常に大きな力（重量）に耐えうるが，先に述べたように，棒の長さ方向と直角に重量が作用するときは，はるかに小さい重量で破壊し，その破壊荷重は棒の長さと厚さの比が大きくなるほど減少する。

図 4

図4に示すように角棒ABCDの一端ABが壁に水平に固定され，他端に重量Eが吊られている場合を考える。これは壁のほぞ穴の下端Bを支点としアームBCに外力が作用し，角棒の厚さBAが支点の反対側のアームであり，厚さBAに沿って（棒の断面に垂直に）抵抗力（反力）が働く梃子のようなものであり，破壊は支点位置Bで起こる。すなわちこの抵抗力が壁の外側にある部分BDと壁の中側にある部分が分離するのを防いで

いるのである。このように考えると，C点に加えられた力と角棒の底面BA内に生ずる抵抗力の比は長さCBとBAの$\frac{1}{2}$（抵抗力がBAの中心に働くとする）の比に等しくなる。言い換えると，今，棒の長手方向の引張力を絶対破壊抵抗力と定義すれば，棒BDの絶対破壊抵抗力と梃子BCの先端にかかる破壊荷重の比は長さBCと$\frac{1}{2}$AB（円棒の場合は棒の半径）の比に等しい。これが最初の命題である。これまでのところ，棒の自重は考えていなかったと言うか，棒は重量のないものと仮定していた。重量Eと共に棒の自重を考えるときは，重量Eに棒BDの自重の$\frac{1}{2}$を加えねばならない。例えば，棒の自重を2ポンド，Eの重量を10ポンドとすると，Eの等価重量を11ポンドとしなければならない。

シンプリチオ　なぜ12ポンドではないのですか？

サルヴィアチ　シンプリチオ君，重量Eはレバー BCの先端 Cに作用するからそのモーメントはBC×Eですが，棒BDの重量は全長にわたって均等に分布するから，作用中心が重心であると考えるとそのモーメントは$\frac{1}{2}$BC×（自重）＝BC×（$\frac{1}{2}$自重）です。従って，全モーメントはBC×(10＋1)＝BC×11です。

シンプリチオ よくわかりました。もし私の間違いでなければ，重量BDとEがこのように配置される場合には，棒の自重BDと重量Eの2倍の和が，レバーBCの中点にかかるとしても，同じモーメントを生ずるわけですね。

サルヴィアチ まったくその通りです。このことは覚えておく価値があります。さて，次の命題も容易に理解できるでしょう。

[解説] これから先は梃子の釣合い原理を基にして梁の強さを論ずることになる。梁の基本型として片持梁が用いられ，その釣合い系を図4′のようにモデル化している。

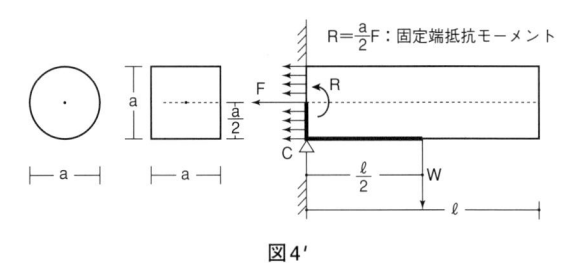

図4′

壁から水平に出ている片持梁がある。壁との接合強さは棒が材軸方向に引張られたときの引張強さであり，これを絶対破壊抵抗力 (absolute resistance to fracture) と言う。どのような方法で壁に接合されているかは問わない。この引張応力度は棒断

面内に均等に分布し，従ってこの抵抗力の作用中心は断面中心にあり，その合力をFとする。つまり，片持梁を図の太線で示した梃子（天秤）でモデル化しており，梃子の支点は片持梁固定端の下端Cにある。$\frac{a}{2}$は円棒の半径，角棒の辺長の$\frac{1}{2}$であり，梃子の抵抗側のアーム長さである。従って，$F \cdot a = W \cdot \ell$の釣合いが成立つ。すなわち，$\frac{W}{F} = \frac{a}{\ell}$であり，梁の形から考えて$a < \ell$であるから，WはFより小さい。

命題Ⅱ 幅が厚さより大きい矩形断面の片持梁の先端に荷重が加えられたとき，荷重が板幅方面に加わる場合の方が板厚方向に加わる場合より破壊抵抗は大きくなるが，比率はどのようになるか。

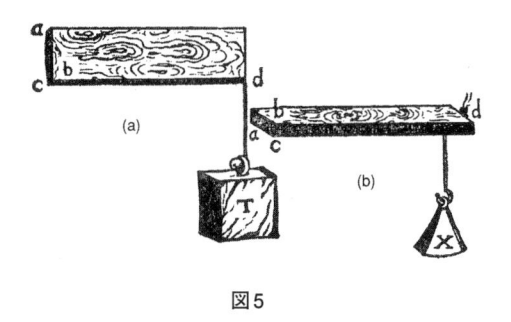

図5

題意をはっきりさせるために図5に示すような物指しを例にとる。この物指しの幅acはその厚さcbよりはるかに大きい。問題は左の図（a）のように物指しを縦に（板幅面を鉛直に）

置くと,大きな荷重Tに耐えることができ,逆に物指しを平らに(板厚面を鉛直に)置くときはその支えうる荷重XはTよりはるかに小さいということである。

この答えは,次のことを思い出せば明らかである。すなわち,(a)の場合,支点はbcにあり,(b)の場合,支点はcaにある。外力の作用距離は両者共に等しくbdである。しかし支点から抵抗力の作用位置までの距離は $\frac{1}{2}$ ca, 後者は $\frac{1}{2}$ bcであり,前者の方が大きい。抵抗力の値は同じであるから,TとXの比はcaとcbの比に等しくなる。

抵抗力の大きさは棒の断面ab内にある全繊維の引張強さの和である。

ゆえに,幅が厚さより大きい任意の物指しまたは矩形断面棒は,それを縦に置く方が平らに置く場合より大きい破壊強さを発揮し,その比は幅と厚さの比に等しい。

命題Ⅲ 角形または円形断面を有する片持梁の長さが長くなってゆくとき,片持梁の自重によるモーメントが破壊抵抗力に比してどのような比で増大するかを考える。このモーメントは片持梁の長さの2乗に比例して増大する。

図6

　これを証明するために図6に示すような一端Aが壁に固定された片持梁ADを考える。

　今，片持梁の長さがBEだけ延長されたとする。もし棒の自重を無視するとレバーの長さがABからACに変化すると固定端Aに破壊をもたらそうとするモーメントの増大率は$\frac{CA}{BA}$である。しかしこれ以外に重さによるモーメントの増大が棒AEと棒ADの重量比で生ずる。これは長さ比$\frac{AC}{AB}$に等しい。

　ゆえに，長さと重量が同時に任意の比で増大するときは，長さと重量の積で表されるモーメントは（無重量とした）最初の比の2乗の比で増大する。

　よって次のように結論づけられる。径は同じで長さの異なる角棒および丸棒の自重による曲げモーメントの比は長さの比の2乗または，同じことであるが，長さの2乗の比で与えられる。

　今度は，角棒および円棒の長さが一定で径が増大するとき，

破壊に対する抵抗力がどのような比で増大するかを次の命題で示す。

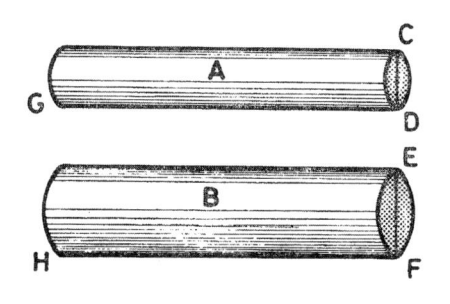

> **命題Ⅳ** 長さが等しく径の異なる角棒および円棒では，その破壊抵抗力すなわち棒の支え得る最大重量の比は固定端断面すなわち棒の断面の直径（辺長）の3乗の比に等しい。

図7

図7でAおよびBは円棒であり，その長さDGとFHは等しく，底面の直径CDとEFは相異なるものとする。そうすると棒Bの破壊抵抗力と棒Aの破壊抵抗力の比は直径FEの3乗と直径DCの3乗の比に等しい。

なぜならば，直径EFおよびDCを有する円棒を長さ方向に引張ったときの破壊強さ（絶対破壊抵抗力）に関しては，棒Bの強さと棒Aの強さの比はそれぞれの棒の断面積の比に等しいということは棒を構成する長手方向繊維の数の比はまさしく棒の断面積の比に等しいことから見て明らかである。

しかしながら力が棒と直角方向に作用するときは，我々はこ

の力がDおよびFを支点とし，距離DG，FHに働くレバーを用いていることを思い出す必要がある。一方，棒断面内に分布する繊維抵抗力の合力は断面中心に作用すると考えられるから，この合抵抗力のレバーアームは円DCおよびEFの半径となる（**図4'**参照）。さらに外力側のアームは等しいことを考えると，抵抗力としてのアーム効率は棒Bの方が棒Aより大きく，その比は$\frac{FE}{DC}$である。

以上から，棒Bと棒Aの固定端抵抗モーメントの比はその断面積（絶対破壊抵抗力）比とアーム長さ比の複合比で表される。断面積は半径の2乗で表され，アームは半径で与えられるから，固定端抵抗モーメントの比は棒断面の半径の3乗の比で与えられる。

一方，棒の自重によって材端に加わる曲げモーメントは（自重）×（材長の$\frac{1}{2}$）であり，これが固定端抵抗モーメントと釣り合わねばならない。従って材長の等しい棒が支持しうる最大自重の比は棒の直径（辺長）の3乗の比に等しい。

> **系** 長さ一定の角棒または円棒の破壊抵抗力は棒の体積の1.5乗の比で変化する。

一定長さの角棒または円棒の体積はその断面積に比例して変化し，断面積はその辺長（直径）の2乗で変化する。一方，上に証明したように固定端の抵抗モーメントは断面の辺長（直径）

の3乗で変化する。ゆえにそれは棒の体積に従って重量の1.5乗比で変化することになる。

[解説] 図4'のモデルに示されるごとく固定端の抵抗モーメントは $R = \frac{a}{2}F$, $F = a^2\sigma$ (σは材料の引張強度)であり、これが棒の自重、Wによる外力モーメント $\frac{\ell}{2}W$ に釣合っている。すなわち $a^3\sigma = \ell W$ である。二つの棒の直径または辺長を a_1, a_2 とし、その自重をそれぞれ、W_1, W_2 と書くと上式は $(\frac{a_1}{a_2})^3 = \frac{W_1}{W_2}$ となる。すなわち破壊抵抗力(固定端の支持し得る棒の最大重量)の比は固定端における棒の直径または辺長の3乗に等しい。

系について言うと、棒の重量 $W = a^2\ell\rho$、ρは材料密度

これを変形して $W^{3/2} = a^3(\ell\rho)^{3/2}$ とし、Rとの比をとると

$$\frac{R}{W^{3/2}} = \frac{\sigma}{2}(\ell\rho)^{2/3} となる。$$

右辺は材長一定、同材料であるから定数となる。

ゆえにRと $W^{3/2}$ の比は一定である。

なお、**命題Ⅲ**では断面一定で材長が変化するとき、**命題Ⅳ**では材長一定で断面が変化するとき、**命題Ⅴ**では材長、断面共に変化するとき、の順で棒の強さすなわち破壊限界時の棒の最大重量が論考されるが、これらの命題はすべて「角棒または(および)円棒は……」という出だしで始まる。ところがその説明および論証に用いる図には角棒が使われたり丸棒が使われたりしている。これは棒の形を問わないということになる。

> 例えば図4′で，角棒の固定端抵抗モーメントは$a^2 \times \dfrac{a}{2} \sigma = \dfrac{\sigma}{2} \cdot a^3$，丸棒のそれは$\dfrac{\pi}{4}a^2 \times \dfrac{a}{2} \sigma = \dfrac{\pi\sigma}{8} \cdot a^3$と異なった値となるが，本論では同じ形状で断面積（または長さ）の異なる二つの棒の耐力比を用いてその力学的特性を見出そうとするものであるから，形状係数的な値$\dfrac{1}{2}$または$\dfrac{\pi}{8}$は消去されるので，断面を代表する値として円の直径または正方形の辺長を与えておけばよいのである。つまり，説明図が円棒であるか角棒であるかを気にする必要はない。

シンプリチオ　先に進む前に私の疑問を解消したいのです。今までのところ，あなたは固体が長くなるほど弱くなるというもう一つの種類の抵抗力については考慮されなかったように思います。このことは曲げについても引張りについてもそうです。

　例えば，ロープの場合，非常に長いロープは短いロープの吊りうる重量より小さい重量しか吊れないことが観察されます。このことから私は，力が材軸方向に作用し，横方向にかからなければ，木または鉄製の棒は長いものより短いものの方がより大きい重量を吊ることができると信じますが，もちろん我々は長さと共に増大するロープそのものの重量を考慮するのです。

サルヴィアチ シンプリチオ君,あなたの言うことの意味を私が正確にとらえているとすれば,他の多くの場合と同様,この問題についてもあなたは誤りをおかしているのではありませんか。あなたは40キュービット*ほどの長いロープは2キュービットほどの短いロープより小さい<u>重量</u>しか支えることができないと言おうとするのですか。

シンプリチオ その通りです。そして私の知る限りこの命題は非常に確かです。

サルヴィアチ 私は逆にこれは不確かのみならず間違いであると考えます。私は容易にそれをあなたに納得させることができると思います。

---

*訳註:1キュービットはひじから中指の端までの長さ,45〜46cm。

図8

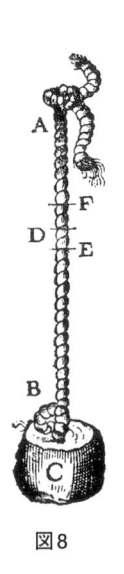

　図8でABは上端Aで支持され、下端Bで重量C に結合されたロープであるとします。その重りの 力はちょうどロープを破断させるだけの大きさで あるとします。さてシンプリチオ君、破断の起き る正確な位置を示してください。

シンプリチオ　D点です。

サルヴィアチ　なぜD点ですか。

シンプリチオ　この点でロープBDと石Cの重さの和が例えば 100ポンドになり、ロープは100ポンドの力にし

か耐えられないからです。

サルヴィアチ 　D点でロープに働く力の和が100ポンドに達すると，ロープの引張耐力が100ポンドだからロープは切れると言うことですね。

シンプリチオ 　私はそう思います。

サルヴィアチ 　しかし，仮にB点で石と結合する代わりにD点の近くのE点で結合し，またA点で支点に結合する代わりにD点の真上のF点で結合してもやはり，D点は100ポンドの力を受けるのではありませんか。

シンプリチオ 　（使わなくなった）EB部分のロープの重量と石Cの重量を合わせて考えるなら，その通りだと思います。

サルヴィアチ 　そのときもロープはD点で100ポンドの力をうける。そうするとあなたも認めるようにロープは切れるということになりますが，FEはABのごく小部分です。ゆえにどうして長いロープは短いロープより弱いと言えるのでしょうか。言えますまい。だから，あなたが非常に学問ある他の人々と共有

するこの間違った見解は捨てて先に進みましょう。

　今の時点で径（辺長，直径）が一定で均等分布荷重（自重）をうける角棒および円棒の場合は破壊をもたらす外力のモーメントは材長の２乗で変化し，また，材長が一定で径が変化する場合は，その破壊抵抗力（支えうる棒の最大自重）は棒断面の辺長または直径の３乗で変化するということを明らかにしました。次に，長さと径が同時に変化する棒の研究に進みましょう。これについて私は次のように考えます。

命題Ⅴ　材長と径が変化する角棒および円棒はその断面の直径（辺長）の３乗に比例し，その材長に逆比例する破壊抵抗力を発揮する。

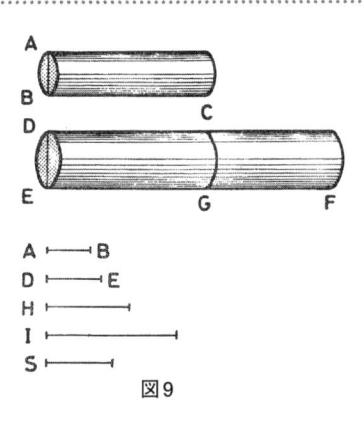

図9

図9においてABCとDEFをこのような円棒とする。そうすると円棒ACとDFの破壊抵抗力の比は直径の比の3乗，$\left(\frac{AB}{DE}\right)^3$，と長さ比，$\frac{EF}{BC}$の積に等しい。

今EG = BCとなる仮想棒DEGを考え，準備として，ABを初項とし，比$k = \frac{DE}{AB}$をもつ等比級数，AB, DE = kAB, H = kDE = k^2AB, I = kH = k^3ABを設定する。第3項と第4項の間には $\frac{H}{I} = \frac{1}{k} = \frac{AB}{DE}$ の関係がある。また棒の長さ比が $\frac{EF}{BC} = \frac{I}{S}$ になるようなSを設定する。

棒ACとDGの破壊抵抗力の比は，材長が等しいから径の3乗の比，$\left(\frac{AB}{DE}\right)^3$に等しい。これは設定により$\frac{1}{k^3}$であり，また等比級数の第4項から $\frac{1}{k^3} = \frac{AB}{I}$。つまり $\left(\frac{AB}{DE}\right)^3 = \frac{AB}{I}$ である。

棒DGとDFの破壊抵抗力の比は，同断面であるから材長の比，$\frac{FE}{EG} = \frac{FE}{BC}$となる。これは設定により$\frac{I}{S}$に等しい。これにより棒ACと棒DFの破壊抵抗力の比は$\frac{AB}{S}$に等しいことが導かれる。

ここで $\frac{AB}{S} = \frac{AB}{I} \cdot \frac{I}{S}$ である。ゆえに棒ACと棒DFの破壊抵抗力の比は $\left(\frac{AB}{DE}\right)^3 \cdot \frac{EF}{BC}$ で与えられる。

[解説] 本命題では棒の耐力を表すものとしていくつかの言葉が出てくるので，いささか難解である。断面，材長共に変化する片持梁の破壊抵抗力を，固定端が支持しうる最大荷重Wと定

義すると，この命題は以下のように説明できる。

片持梁の釣合いを図4'のモデルで考える。Rは固定端抵抗モーメントで $R = \frac{\sigma}{2} a^3$ である。系の釣合いは，

$$R = \frac{\ell}{2} W \cdots\cdots\cdots\cdots (1)$$

である。棒ACと棒DGは等材長で断面の異なる棒であるから，それぞれに（1）式を適用すると，

$$\frac{R_{AC}}{R_{DG}} = \left(\frac{AB}{DE}\right)^3 = \frac{W_{AC}}{W_{DG}}$$

すなわち破壊抵抗力の比は径比の3乗に等しくなる。

ここで，等比級数の第4項から $\frac{1}{k^3} = \left(\frac{AB}{DE}\right)^3 = \frac{AB}{I}$ であるから

$$\frac{W_{AC}}{W_{DG}} = \left(\frac{AB}{DE}\right)^3 = \frac{AB}{I} \cdots\cdots\cdots\cdots (2) \quad \text{を得る。}$$

棒DGと棒DFは等断面で材長の異なる棒である。それぞれに（1）式を適用すると，

$$\frac{R_{DG}}{R_{DF}} = 1 = \frac{EG}{EF} \cdot \frac{W_{DG}}{W_{DF}}$$

ここで $\frac{EG}{EF} = \frac{BC}{EF}$ は設定により $\frac{S}{I}$ に等しい。

よって，$\frac{W_{DG}}{W_{DF}} = \frac{EF}{BC} = \frac{I}{S} \cdots\cdots\cdots\cdots (3) \quad \text{を得る。}$

求める棒ACとDFの破壊抵抗力の比は次のように書ける。

$$\frac{W_{AC}}{W_{DF}} = \frac{W_{AC}}{W_{DG}} \cdot \frac{W_{DG}}{W_{DF}}$$

（2），（3）式を用いて

$$\frac{W_{AC}}{W_{DF}} = \left(\frac{AB}{DE}\right)^3 \cdot \frac{EF}{BC} \cdots\cdots\cdots\cdots (4)$$

すなわち，材長と径の異なる2材の破壊抵抗力の比は径比の3乗と材長比の逆数の積となる。

現在，我々の用いている釣合い方程式によってこの問題を記述すると，

> (1) 式は $a^3 \sigma = \ell W$
>
> (a_1, ℓ_1, W_1), (a_2, ℓ_2, W_2) の2材間の比で表すと,
>
> $\left(\dfrac{a_1}{a_2}\right)^3 = \dfrac{\ell_1}{\ell_2} \cdot \dfrac{W_1}{W_2}$
>
> これより $\dfrac{W_1}{W_2} = \left(\dfrac{a_1}{a_2}\right)^3 \cdot \dfrac{\ell_2}{\ell_1}$ と (4) 式と同じ結果を得る。

 この命題は証明されました。次に角棒(または円棒)が互いに相似な場合について考察しましょう。

 この場合には次の命題が提示されます。

命題Ⅵ 相似な円棒または角棒においては,重量とレバーアームの積で表されるモーメントの比は棒の引張強さ比の1.5乗に等しい。

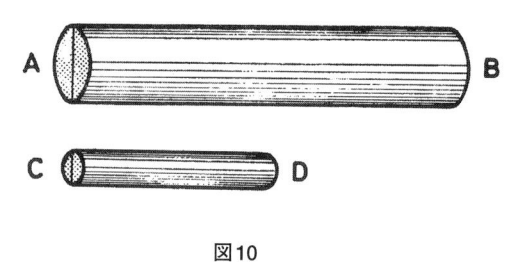

図10

 これを証明するために図10に示す二つの円棒ABとCDを用いる。そうすると固定端Bの抵抗力に釣合う棒ABからのモーメントと固定端Dの抵抗力に釣合う円棒CDからのモーメント

の比はBの底面の引張強さとDの底面の引張強さの比の1.5乗に等しい，ということである。

棒ABおよびCDはそれぞれ棒の重量およびレバーアーム効率（支点両側のレバーアームの比）に応じて固定端BおよびDの抵抗力に釣合うのであるが，この場合棒ABと棒CDとではレバーアーム効率は等しい（すなわち相似であるから二つの棒の材長と半径の比は等しい。半径は支点の反対側のレバーアームに相当する），そうすると棒ABの引張強さと棒CDの引張強さの比は棒ABの重量と棒CDの重量の比（すなわち容積比）に等しくなる。ところが容積比は直径の3乗の比に等しく，底面（棒の断面）の引張強さ比はおのおのの断面比すなわち直径の2乗の比に等しい。ゆえに二つの棒からのモーメント比は底面の引張強さの比の1.5乗に等しくなる。

[解説] 図4′のモデルを参照して

$$M = \frac{\ell}{2}W = \frac{a}{2}F \cdots\cdots\cdots\cdots (1)$$

M：自重による材端モーメント

$F = a^2\sigma$：断面（底面）の引張強さ，σ：材料強度

$W = a^2\ell\rho$：棒の重量，ρ：材料密度

(1) 式でWとFの関係は $F = \frac{\ell}{a}W = kW \cdots\cdots\cdots\cdots (2)$

$k = \frac{\ell}{a}$ は本文で言うレバーアーム効率であり，相似の場合は二つの棒で等しい。

上記諸記号に，棒ABに対してサブスクリプト（下付き）1，

> 棒CDに対してサブスクリプト2を付して区別する。
>
> (2) 式から $\dfrac{F_1}{F_2} = \dfrac{W_1}{W_2}$，相似だからkは等しい。つまり，断面引張強さ比は重量比に等しい。
>
> (1) 式から，$\dfrac{M_1}{M_2} = \dfrac{\ell_1}{\ell_2} \cdot \dfrac{W_1}{W_2} = \dfrac{a_1}{a_2} \cdot \dfrac{F_1}{F_2}$,
>
> しかるに $\dfrac{F_1}{F_2} = \left(\dfrac{a_1}{a_2}\right)^2$，であるから $\dfrac{a_1}{a_2} = \left(\dfrac{F_1}{F_2}\right)^{1/2}$,
>
> ゆえに $\dfrac{a_1}{a_2} \cdot \dfrac{F_1}{F_2} = \left(\dfrac{F_1}{F_2}\right)^{3/2}$ となる。
>
> よって，$\dfrac{M_1}{M_2} = \left(\dfrac{F_1}{F_2}\right)^{3/2}$ を得る。
>
> つまり外力モーメント比は棒断面の引張り強さ比の1.5乗に等しい。

シンプリチオ この命題は新しく，かつ驚くべきものなので私は衝撃をうけました。最初聞いたとき，それは私の思っていたこととは大変違っていました。と言うのはこれらの図形はあらゆる点で相似ですから，外力モーメント比と断面引張強さ比は同じだと思い込んでいたものですから。

サグレド 私がよく判らないと言って議論を始めたのはこの問題なのですが，これこそその証明なのですね。

サルヴィアチ シンプリチオ君，私もしばらくの間あなたと同じ

ように相似な固体の抵抗力はやはり相似だと思っていたのです。しかし，例えば転んだとき，背の高い大人は小さな子供より傷つき易いというような日常起こる事例の観察の結果，相似な固体は寸法に比例した強さを示さず，大きなものは粗っぽい取扱いには適しないことを知りました。

　すでに，最初に述べたごとく小さな角材や大理石棒なら壊れないような条件下でも，大きな梁や柱は落下によって壊れてしまいます。この観察が動機となってこの論証に関する研究を始めたのです。互いに相似な無数の固体のうち外力と抵抗力が同じ比で結ばれるものは二つとないということは驚くべき事実です。

シンプリチオ　アリストテレスが著書『静力学の諸問題』の一節で短い梁は厚さが薄く，長い梁は厚いにもかかわらず，木製の梁は長くなるほど曲がり易くなる理由を説明しようとしていることを思い出しました。そして，もし私の記憶が正しければ，彼はこれを重さのない梃子の概念で説明しています。

サルヴィアチ　その通りです。しかしこの説明には疑問の余地があるので，ゲバラ司教（Bishop de Guevara）――

彼の真に学究的な註釈はその仕事を豊かにかつ輝かしいものとしたのですが——はこの疑いを克服するためにさらに進んだ思索に没頭するのですが，それでもなお，固体の長さと厚さが同じ比で増大する場合にも，断面の強さと破壊，曲げ耐力の比が一定の比を保つかという点で混乱しているのです。

　この問題について熟考を重ねた末，私は以下のような結論に到達しました。まず第一に次の命題を示します。

命題Ⅶ　相似な重い角棒および円棒の中で，自重によって生ずる応力度が破壊と非破壊の境界点にあるものは一つしかない。よって，より大きい応力度のものは自重に耐えることができず破壊し，より小さい応力度のものは破壊に至るまでには，なお付加的な力に耐えることができる。

図11

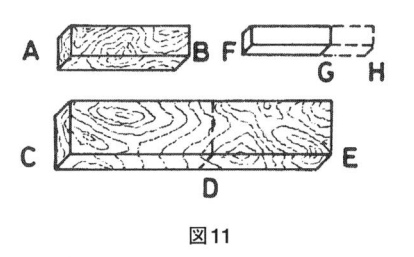

　図11のABが自重を支えうる最長の角棒であり，少しでも長

くすれば破壊するものであるとする。そうするとこの角棒が無数にあるこれと相似な角棒の中で，破壊と非破壊の境界応力度に達する唯一の棒であり，従ってすべてのより大きな棒は自重によって破壊し，すべてのより小さな棒は破壊せず自重に加えてある付加的な力にも耐えることができる。

CEをABと相似であるがより大きい角棒とすると，この棒は自重によって破壊することを示そう。CEから長さがABに等しいCDをとり出す。ABの断面辺長をa_1，CDの断面辺長をa_2とすると，両者は長さが等しいから**命題Ⅳ**により両者の支えうる自重の比は$\left(\dfrac{a_1}{a_2}\right)^3$となる。

一方，ABとCEは相似であるから両者の重量比は$\left(\dfrac{a_1}{a_2}\right)^3$となる。この値は前記によりABとCDの耐荷能力の比であって，CEはCDより大きいからCEは破壊する。

次にABより小さい棒FGをとりあげる。長さがABに等しくなるように延長した棒FHを考える。この小さい棒FGの断面辺長をa_3とすると，前と同様にしてABとFHの支えうる自重の比は$\left(\dfrac{a_1}{a_3}\right)^3$となる。

一方，ABとFGは相似であるから両者の重量比は$\left(\dfrac{a_1}{a_3}\right)^3$となり，この値はABとFHの耐荷能力の比であって，FGはFHより小さいから，FGの耐荷能力には余裕があり，自重だけでは壊れない。

[解説] この命題をより一般的に記述する。図4′より固定端断面の引張応力度がその限界値 σ に達するときの片持梁の釣合い式は $a^3\sigma = W\ell$ であり、棒の限界重量は、

$$W = \frac{a^3}{\ell}\sigma \cdots\cdots\cdots (1)$$

で与えられる。

棒ABがちょうどこの状態にあるとする。ABと相似な別の棒 ($\alpha\ell$, αa) の限界重量は (1) 式より $W_\alpha = \frac{\alpha^2 a^3}{\ell}\cdot\sigma$ であり、

$$\frac{W_\alpha}{W} = \alpha^2 \cdots\cdots\cdots (2)$$

となる。

一方棒ABの自重は $G = a^2\ell\rho$、相似棒の自重は $G_\alpha = \alpha^3 a^2\ell\rho$ であるから

$$\frac{G_\alpha}{G} = \alpha^3 \cdots\cdots\cdots (3)$$

となる。

(2), (3) 式より、$\dfrac{W_\alpha}{W} = \dfrac{1}{\alpha}\dfrac{G_\alpha}{G}$、

すなわち $\dfrac{W}{G} = \alpha\dfrac{W_\alpha}{G_\alpha} \cdots\cdots\cdots (4)$

である。

ここで、Wは固定端を破壊せしめる棒の限界重量、Gは棒の自重そのものであるから、$\dfrac{W}{G}$ は一種の耐荷効率である。相似棒の寸法がABのそれより大きければ ($\alpha > 1$)、(4) 式より $\dfrac{W}{G} > \dfrac{W_\alpha}{G_\alpha}$ となり、相似棒の耐荷効率はABのそれより小さくなり破壊する。相似棒の寸法がABのそれより小さければ ($\alpha < 1$)、$\dfrac{W_\alpha}{G_\alpha} > \dfrac{W}{G}$ となり相似棒の耐荷効率はABのそれより大きくなる。よって相似棒は限界に達せず、余力がある。すなわち、ある棒がちょうど限界状態で釣合うとき、これと相似なすべての棒は破壊するかしないかのどちらかである。

サグレド　この証明は簡単，明瞭です。最初，一見ありえないように見えたこの命題は今では真であり不可避であるように思えます。それゆえ，この角棒をちょうど破壊と非破壊の境界点にもってくるためには，径を大きくするか，長さを小さくするかして径と長さの比を変える必要があるでしょう。この限界状態の研究には，命題の証明と同等の工夫が必要だと思いますが。

サルヴィアチ　いやそれ以上です。この問題はもっと難しく，それを発見するのに私は少なからざる時間を費やしました。今それを皆さんと頒かち合いましょう。

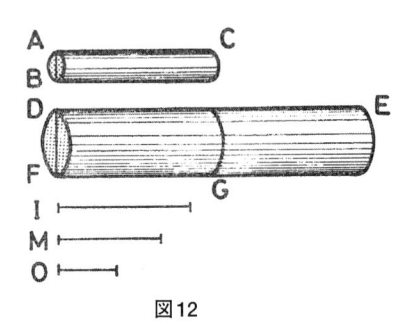

命題Ⅷ 自重では破壊しない最長の円棒または角棒が与えられたとして、より長い円棒または角棒の場合、それが自重に耐えうる唯一かつ最長の棒としての径を見出せ。

図12

図12において、BCを自重に耐えうる最長の棒とし、FEをACより長い材長DEを持つ棒とする。問題は棒FEがその自重に耐え、かつ最長の長さを持つための、直径FDを求めることである。

材長DEとACの間の第3比例項 $I = \dfrac{AC^2}{DE}$ を用い、径比と材長比の間の関係が $\dfrac{FD}{BA} = \dfrac{DE}{I}$ となるようなDEを算出して、径FD、長さDEの棒を作ると、これが同じ比をもつすべての円棒のうち自重に耐えうる最長かつ唯一のものとなる。

これを証明するためにDEとIの間の第3比例項 $M = \dfrac{I^2}{DE}$ および第4比例項 $O = \dfrac{I^3}{DE^2}$ を用いる。

AC = FGである棒DGを仮想する。

さて、上記の記述で、$\dfrac{FD}{BA} = \dfrac{DE}{I}$ であるから、

$\dfrac{\mathrm{O}}{\mathrm{DE}}=\left(\dfrac{\mathrm{I}}{\mathrm{DE}}\right)^3=\left(\dfrac{\mathrm{BA}}{\mathrm{FD}}\right)^3$, または $\dfrac{\mathrm{FD}^3}{\mathrm{BA}^3}=\dfrac{\mathrm{DE}}{\mathrm{O}}$ である。

しかるに棒DGとBCは等長であるから，命題IVにより $\dfrac{\mathrm{FD}^3}{\mathrm{BA}^3}$ は両者の固定端抵抗モーメント（自重による外力モーメント）の比である。すなわち，棒DGとBCの固定端モーメントの比は $\dfrac{\mathrm{DE}}{\mathrm{O}}$ で表される。

我々の目的は原材BCの自重による外力モーメントはその固定端抵抗モーメントにちょうど釣合っているのであるから，棒FEの外力モーメントもその（断面FDの）固定端抵抗モーメントに釣合うということを示すことにある。それにはFEの外力モーメントとBCの外力モーメントの比が固定端FDの抵抗モーメントと固定端BAの抵抗モーメントの比に等しいことを示せばよい。

棒FEの外力モーメントとDGの外力モーメントの比は，両者同断面であるから，$\left(\dfrac{\mathrm{DE}}{\mathrm{AC}}\right)^2$ に等しい。これは上記第3比例項の定義より $\dfrac{\mathrm{DE}}{\mathrm{I}}$ に等しい。一方棒DGの外力モーメントと棒BCの外力モーメントの比は同長であるから $\left(\dfrac{\mathrm{DF}}{\mathrm{BA}}\right)^2$ に等しい。これは上記設定により $\left(\dfrac{\mathrm{DE}}{\mathrm{I}}\right)^2$ に等しく，また比例項の記号を用いれば $\left(\dfrac{\mathrm{I}}{\mathrm{M}}\right)^2$ または $\dfrac{\mathrm{I}}{\mathrm{O}}$ に等しい。

今，棒FEの外力モーメントを $\overline{\mathrm{FE}}$，BCの外力モーメントを $\overline{\mathrm{BC}}$ というように略記すると

$\dfrac{\overline{\mathrm{FE}}}{\overline{\mathrm{BC}}}=\dfrac{\overline{\mathrm{FE}}}{\overline{\mathrm{DG}}}\cdot\dfrac{\overline{\mathrm{DG}}}{\overline{\mathrm{BC}}}=\dfrac{\mathrm{DE}}{\mathrm{I}}\cdot\dfrac{\mathrm{I}}{\mathrm{O}}=\dfrac{\mathrm{DE}}{\mathrm{O}}=\dfrac{\mathrm{FD}^3}{\mathrm{BA}^3}$ となる。

すなわち，棒FEとBCの自重による外力モーメント比はそれぞれの固定端抵抗モーメント比に等しいことが証明された。

サグレド　サルヴィアチさん，この証明は少し長すぎて一度聞いただけでは心に留めておくことが困難です。だからもう一度繰り返してくださいませんか。

サルヴィアチ　お望みなら。しかし今度は別の図を使って，より直接かつ簡潔な証明を行います。

サグレド　それは大変ありがたいことです。しかしながら，時間があるときにそれを勉強できるように，あなたの論述を紙に書いて残してくださいませんか。

サルヴィアチ　喜んでそうしましょう。

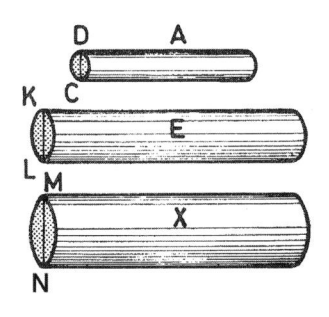

図13

図13のAを直径がDCで自重に耐えうる最長の円棒とする。問題はその自重を支えうる最大かつ唯一のより大きな棒を決定することである。

EはAと相似で，指定された長さおよび直径KLをもつ円棒とする。

二つの径DCとKLの間の第3比例項を$MN = \dfrac{KL^2}{DC}$とし，直径がMNでEと同長のもう一つの円棒，Xを考えると，このXが求める円棒である。

さて，断面DCと断面KLの引張強さの比は$\dfrac{DC^2}{KL^2}$であり，これは上記により$\dfrac{KL^2}{MN^2}$に等しい。またEとXは同長であるから，この比はEとXの自重の比にも等しい。また，同じく同長であるから両者の自重による外力モーメントの比にも等しい。

すなわち，断面の引張強さをF，棒の外力モーメントをMで表し，これらに棒の名前，A，E，Xをサブスクリプト（下付き文字）としてつけると，

$$\dfrac{F_A}{F_E} = \dfrac{M_E}{M_X}\quad を得る。$$

一方棒Eの固定端抵抗モーメントR_Eと棒Xの固定端抵抗モーメントR_Xの比は$\left(\dfrac{KL}{MN}\right)^3$で与えられる。これは比例項$MN = \dfrac{KL^2}{DC}$を用いると，$\left(\dfrac{DC}{KL}\right)^3$に等しい。$\left(\dfrac{DC}{KL}\right)^3$はAとEが比例棒であることからAとEの自重比$\dfrac{W_A}{W_E}$に等しい。

Aの外力モーメントは$W_A \times (Aの材長)$，Eの外力モーメントは$W_E \times (Eの材長)$であるが，材長比は径比に等しい。

ゆえに $\dfrac{M_A}{M_E} = \dfrac{W_A}{W_E} \cdot \dfrac{DC}{KL}$ であり，$\dfrac{W_A}{W_E}$ は上記から $\dfrac{R_E}{R_X}$ に等しい。すなわち，$\dfrac{M_A}{M_E} = \dfrac{R_E}{R_X} \cdot \dfrac{DC}{KL}$ である。また，$R_E = F_E \cdot KL$，$R_X = F_X \cdot MN$ であるから $\dfrac{R_E}{R_X} = \dfrac{F_E}{F_X} \cdot \dfrac{KL}{MN}$ であり，結局 $\dfrac{M_A}{M_E} = \dfrac{F_E}{F_X} \cdot \dfrac{DC}{MN}$ となる。

これらの関係を用いると

$$\dfrac{M_A}{M_X} = \dfrac{M_E}{M_X} \cdot \dfrac{M_A}{M_E} = \dfrac{F_A}{F_E} \cdot \dfrac{F_E}{F_X} \cdot \dfrac{DC}{MN} = \dfrac{F_A}{F_X} \cdot \dfrac{DC}{MN}$$
$$= \dfrac{R_A}{R_X} \quad \text{を得る。}$$

よって，棒Aと棒Xの自重による外力モーメントの比はそれぞれの固定端抵抗モーメントの比に等しいことが証明された*。

この問題を図12を用いて一般化すると次のようになる。

> 自重による外力モーメントと固定端抵抗モーメントが釣合っている円棒ACが与えられるとする。他の円棒の材長をDEとするとこの棒と棒ACの外力モーメントの比がそれぞれの棒の固定端抵抗モーメントの比に等しくなるように，その直径を決めればこの棒はちょうどその自重に耐えうるものとなる。

---

*訳註：本文ではresistance of the baseを「棒の断面引張強さ」と「棒の固定端抵抗モーメント」と混同して使っており，また相似棒AとEの重量比がAとEの外力モーメント比に等しいとしているのでこれらを修正した。

[**解説**] 最初に行った証明に出てくる「DEとACの間の第3比例項とは、DEを初項とし、$k = \frac{AC}{DE}$ を比とする等比級数の第3項の意味、すなわちDE, AC = kDE, I = kAC = k^2DE, ……の第3項目 $I = \frac{AC^2}{DE}$ のことである。

同様に「DEとIの間の第3比例項,第4比例項」とはDEを初項とし、$k = \frac{I}{DE}$ を比とする等比級数の第3項,第4項の意味、すなわち、DE, I = kDE, M = kI = k^2DE = $\frac{I^2}{DE}$, O = kM = k^3DE = $\frac{I^3}{DE^2}$ である。

命題Ⅷに対する直接の答えは,図12の記号を用いると、求める棒の直径は $FD = \frac{BA \cdot FD}{I} = \left(\frac{DE}{AC}\right)^2 \cdot BA$ であるということである。言い換えれば求める棒のみたすべき条件は $\frac{FD}{BA} = \left(\frac{DE}{AC}\right)^2$, すなわちその寸法が初めに与えられた棒の寸法に対して径比が材長比の2乗に等しいことである。

これを図4′のモデルを用いて証明すると、その釣合い式は
$$\frac{a}{2}F = \frac{\ell}{2}W, \ F = a^2\sigma, \ W = a^2\ell\rho,$$
すなわち $\frac{\sigma}{\rho} \cdot a = \ell^2$ ……………… (1)

で与えられる。ここに σ, ρ はそれぞれ材料の引張強度,密度であり、棒が同一材料であれば定数である。

求める棒の寸法を a', ℓ' とすれば、この棒に対しても (1) 式は成立たねばならない。

ゆえに、$\frac{a'}{a} = \left(\frac{\ell'}{\ell}\right)^2$ となり上記条件と一致する。この誘導過程において、ℓ' に対する制限はないから命題に言うように「より長い棒」である必要はない。

以上の論証によって，自然の物でも人工物でも，その寸法を途方もない大きさにすることは不可能であることがよくお判りになったことと思います。巨大な船，宮殿，寺院を普通の櫂，帆桁，梁，ボルト等の構成部材を用いて建造することはできませんし，自然も並外れた樹木を生みだすことはできません。なぜならば幹や枝は自重で折れてしまうからです。

　また，人間，馬，等の動物の背丈が法外なものになったら，彼等が日常の運動機能を発揮できるような骨格を構成することはできないでしょう。なぜならば背丈を大きくするには骨を硬く，強くするか，または骨を太くする以外に方法がないからです。そうすると骨の形が変わってしまい，動物の格好や容貌が化け物のようになってしまいます。

　我々の聡明な詩人＊が特大の巨人を描写して，

「彼の背丈を勘定することはできない」，

「それほどにまで彼の諸寸法は度外れている」

と歌ったとき，おそらく彼はこのことを心の中に描いていたのでしょう。

　これを簡単に説明するため，小動物の骨の長さが3倍になったとき，この長さを持つ動物が小動物と同等の運動機能を発揮するのに必要な骨の太さを**図14**に描いてみました。この図から拡大した骨がいかに不釣合いな形をしているかが判るでしょう。

＊ 訳註：アリオスト『狂えるオルランド』，第17歌，第30行。

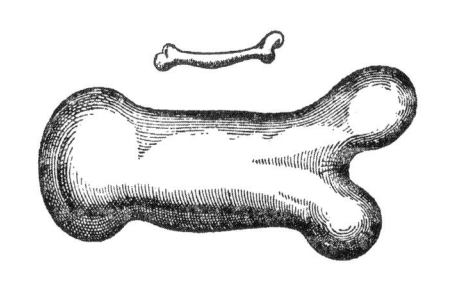

図14

　もし，巨人が普通の人間と同じプロポーションの手足を持とうとすれば彼の骨はより硬くて，強いものでなければなりません。それができなければ普通の人間より体力が弱いことを認めねばなりません。彼の背丈が法外に伸びれば彼は倒れて自重で崩壊してしまうでしょうから。ところが背丈が小さくなった場合には骨格の強さは同じ比では減少しません。身体の寸法が小さくなるほど，骨格の強さは相対的に増大するのです。小さな犬は同じ大きさの犬を二匹も三匹もその背中に乗せることができるでしょうが，馬は同じ大きさの馬一匹すら乗せることができないと思います。

シンプリチオ　そうかも知れません。しかしおそらく象の十倍もある鯨が自重に耐えているところを見ると，今のお話はちょっと疑わしくなります。

サルヴィアチ　シンプリチオ君，あなたの疑問は，今まで私の考

慮外であったもう一つの原理を思い起こさせます。この原理があるので巨人や他の大きな動物は自重を支えかつ小動物と同じように動きまわれるのです。

　自重を支え，自由に動きまわるためには，自重および他の荷物を運べるように骨格や筋肉の強さを増すか，あるいは骨格構造の寸法はそのままに保っておいて，骨の材料，肉，その他骨格の荷う必要のあるものの重量を減らすかのどちらかが必要です。自然が魚の構造において採用したのはこの第二の原理で，魚の骨や肉を軽くするのみならず重さのないものにしたのです。

シンプリチオ　サルヴィアチさん，あなたの言おうとするとろこは判ります。あなたは水の中に居る魚は水の密度（重量）によってその自重が軽減されます。そのために肉の重量はなくなり，その骨を傷つけることなく支えられると言うのです。しかしこれがすべてではありません。なぜならば，魚の体の他の部分は無重量になるにしても骨には重量が残ります。例えば鯨の肋骨は梁のような大きさを持っておりますから水中に入れたら，沈むことは否定できません。従ってこの大きな重量が自分を支え得

るとは思えません。

サルヴィアチ 大変鋭い反論ですね。それでは質問の形でお答えしましょう。あなたは魚が泳ぐ仕草をせず，水底に沈むでもなく，浮かび上がるでもなく水中でじっとしているのを見たことがありますか。

シンプリチオ これはよく知られた現象です。

サルヴィアチ 魚のある部分は水より重く，他の部分は水より軽くなっており全体として平衡を保っており，水と同じ比重になっていると考えることにより，魚が水中で静止しておられる理由が説明できます。

　つまり，骨がより重ければ肉や他の構成要素は，骨の重量に釣合えるように軽くなっているのです。水中動物と陸上動物とでは事情が逆になっています。陸上動物では骨はその自重のみならず肉等を支えなければならないのに対し，水中動物は肉がその自重のみならず骨をも支えているのです。

　従って，途方もなく大きな動物が陸上，言い換えれば空気に囲まれているのではなく，水中に棲むことができることを不思議に思う必要はないのです。

シンプリチオ　よく判りました。今の話で私は，陸上動物は空気に囲まれ空気を呼吸している動物ですから，陸上動物というよりは，むしろ空気動物と呼んだ方がよいように思えてきました。

サグレド　シンプリチオ君との質疑，応答を楽しく拝聴しました。つけ加えるならば，このような巨大魚が岸に引きあげられたら，そう長くは体形を保っておれず，骨どうしの結合力がなくなると自重によってぺしゃんこになってしまうだろうということがよく理解できます。

サルヴィアチ　私もあなたの意見に同意します。事実，私は巨船は商品や武器を積んで水上に無事浮かんでいますが，もしこれが乾いた陸上であったなら，ばらばらに崩れてしまうと思います。さてそれでは先に進んで次のことを示しましょう。

　角棒または円棒が与えられ，かつその自重および支持し得る最大荷重が与えられるとき，自重のみを支えうるこの棒の最大長さを見出すことができる。

図15

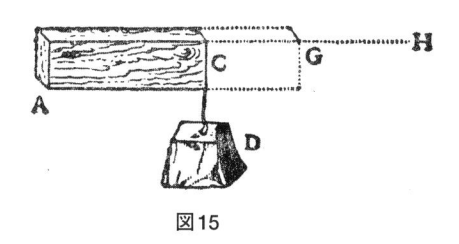

　図15のACで角棒およびその自重を表す。そしてDを角棒が破壊されることなく先端Cに吊しうる最大重量とする。問題は自重のみの場合に破壊することなく延長しうる棒の最大長さを求めることである。

　ACの重量とACとDの2倍との和の比が$\dfrac{AC}{AH}$になるような線AHを引く。そしてAGをACとAHの比例中項すなわち$AG^2 = AC \cdot AH$とすると，AGが求める棒の長さである。

　これは次のように証明される。混乱を避けるために長さAC, AHがその自重を表すときは$\overline{AC}$, $\overline{AH}$と書いて区別する。先端Cに加わる重量Dによるモーメントは2DがACの中点に作用するときのモーメントに等しい。ゆえに$\overline{AC}$とDによるモーメントは$\overline{AC} + 2D$の重量が$\dfrac{1}{2}AC$の点に加わるときのモーメントに等しい。$\overline{AC} + 2D$によるモーメントと$\overline{AC}$によるモーメントの比は，両者のモーメントアームが等しいから，その重量比$\dfrac{\overline{AC}+2D}{\overline{AC}}$に等しい。ここで設定に用いた長さ比$\dfrac{AH}{AC}$は比例中項を用いると$\dfrac{AH}{AC} = \dfrac{GA^2}{AC^2}$と書ける。つまり証明に際しての設定は，重量比（はたはモーメント比），$\dfrac{\overline{AC}+2D}{\overline{AC}} = \dfrac{GA^2}{AC^2}$にな

るような長さGAを設定したことになる。

ところで棒GAと棒ACは同断面であるからそのモーメント比は $\dfrac{GA^2}{AC^2}$ に等しい。よって $\overline{AC}$ とDによるモーメントと $\overline{AC}$ によるモーメントの比は $\overline{AG}$ よるモーメントと $\overline{AC}$ によるモーメントの比に等しいことになりAGが求める棒の長さとなる。つまりACはAGまで破壊することなく延長することができるが,それを越えると棒は破断する。

[解説] 求める長さGAを直接的に表すと,
$\dfrac{GA^2}{AC^2} = 1 + \dfrac{2D}{AC}$, $GA = \sqrt{1 + \dfrac{2D}{AC}} \cdot AC$ となる。

棒ACの長さを ℓ, 重量をWとし, AGの長さを $\alpha\ell$, 重量を αW, $\alpha = \dfrac{AG}{AC}$ と書き, 図4′の釣合いモデルを適用すると, 固定端抵抗モーメントRは棒ACと棒AGとで等しいから,

$R = D\ell + W \cdot \dfrac{\ell}{2} = \alpha W \cdot \dfrac{\alpha \ell}{2}$,

ゆえに $\alpha = \sqrt{1 + \dfrac{2D}{W}}$ となり,命題と同じ結果を得る。

これまでのところ,我々は一端が固定され他端自由の角棒および円棒,つまり片持梁に,荷重が加わったときの曲げモーメント,および,固定端抵抗モーメントについて考察してきました。荷重の種類として重りだけが加わる場合,重りに加えて棒の自重を考慮する場合,棒の自重のみを考慮する場合の三つのケースについて議論しました。

ここでは,このような棒が両端で支持される場合や棒の中間

のある1点で支持される場合について考察しましょう。

まず最初に，自重だけを負担する円棒で，それが破壊限界にある最大の長さを有している場合には，棒が両端で支持される場合でも，棒の中央点だけで支持される場合でも，その長さは片持梁のときの限界長さの2倍であると主張します。これは次の理由によって明らかです。図16の上に示すように，円棒ABCの半分ABがB点で固定される片持梁の自重を支持しうる最大長さであるとすると，棒ABCがその中央点Gのみで支えられる場合，ABと他の半分BCは釣合いますから，G点は一種の固定状態となり，上記の片持梁と同じ挙動をするからです。

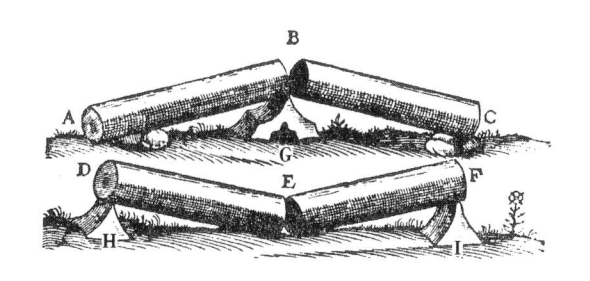

図16

図16の下に示す棒DEFの場合も，Dを固定端とする片持梁の支持しうる最大長さがDEFの半分であり，同様，Fを固定端とする片持梁の支持しうる最大長さもDEFの半分であるとすれば，棒の両端D，Fのそれぞれの下に支点H，Iが設けられた場合にはE点に少しでも付加力が加えられれば棒はE点で破壊

するでしょう。

　次のようなもう少し複雑で難しい問題を考えましょう。前にもやったように固体の自重を無視するものとして，両端単純支持の円棒にある荷重ないし力をその中点に加えることにより棒が破壊限界に達するような場合，その同じ荷重を中点以外の点に移したときにもその棒は壊れるであろうかという問題です。例えば，棒きれの両端をそれぞれ手で握り，棒の中央に膝を当てて棒きれを折ろうとするとき，膝を棒の中央以外の点に当てた場合にも中央に当てたときと同じ大きさの力が要るだろうかということです。

サグレド　　この問題はアリストテレスが（前述）『静力学の諸問題』で触れていると思いますが。

サルヴィアチ　彼の考究している問題はこれとまったく同じではありません。彼は単に棒きれを握る位置をできるだけ膝位置から遠く離した方が棒きれを折り易いことの理由を見出そうとしただけです。彼は手を棒きれの端に置くことにより，レバーアームを長くすることができるという理由のもとに一般的な説明を与えていますが，我々の考究はそれ以上のものであって，手は棒の両端に置くとして，膝の位置をどこにおいても棒きれを折るのに同じ力が

要るかどうかを知ろうとするのです。

サグレド　一見したところ，そのように思えます。なぜならばレバーアームの短くなった側の反力は大きくなり，逆にレバーアームの長くなった側の反力は小さくなって結局膝の位置では同じモーメントを与えますから。

サルヴィアチ　あなたは今，人はいかに誤謬に陥り易いか，そしてそれを避けるためにはいかに用心と慎重さを要するかを知るでしょう。一見すると今君の言ったことは大変もっとものように見える。しかしより詳しく検討するとそれは真実からはるかに遠いことが判る。膝，すなわち支点が棒きれの中央におかれるか否かは次のような差を生じることが判るでしょう。もし破壊が中央以外の点で起こるとすれば，中央に膝を置くときに要する力の4倍，10倍，100倍，1000倍をもってしてもなお中央を破壊するには不十分であることがありうる。

　我々は若干の一般的考察から出発して，破壊点を他の点からある点に移すために必要な外力の変化比率を決定する問題に進みましょう。

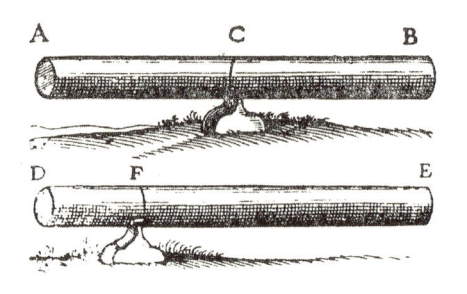

図17

　図17においてABをその中央の支点C上で破壊する木製円棒とする。そしてDEを同じ円棒で，中点にない支点の上で破壊する棒とする。そして，今までと同じように棒の自重は無視している。

　まず第一にAC＝CBであるから，B端およびA端に加えられる力は等しくなければならない。

　第二に距離DFはACより小さいから，D点に作用する任意の力によるモーメントは，同じ力がA点に作用するときのモーメントより小さい。F点に作用するモーメントはC点に作用するモーメントの $\frac{DF}{AC}$ 倍である。従ってF点の抵抗モーメントに釣合うまたはそれを超えるためにはD点の力を増やさねばならない。しかしながらACに比べてDFの長さは無限に小さくすることができるから，そのときはD点に加える力を無限大にしなければならない。他方F点の抵抗モーメントと釣合いを保つためにはFEをCBより大きくするに従ってE点に加える力を減らしてゆかねばならないが，支点FをD点の方へ移動させる

ことによって，FEを無限に大きくすることは不可能で，CBの2倍以上にはならない（外へとび出してしまう）。従ってF点の抵抗モーメントに釣合うE点の力は，常にB点に必要な力の$\frac{1}{2}$以上である。

以上により，支点Fが材端Dに近づくにつれてF点の抵抗モーメントとの釣合いを保つためには，E点とD点に加える力の和を無限大に近づけねばならない。

サグレド　何と言ったらよいでしょうか。（棒の挙動がこのように理論的に解明されたことを見ると）知能を鋭くし，思考を正確にする手段としては幾何学が最も優れていると思いました。同様の意味でプラトンが弟子達に何よりもまず数学を基礎におくようにと教えたこともまったく正しいと思います。私自身のことを言えば，私は挺子の特性を理解しており，その長さの増減によってどのように外力および反力のモーメントが増減するかを知っていました。にもかかわらずこの問題の解決においては大きな思い違いをしてしまったのです。

シンプリチオ　議論の展開の手段としては論理学は優れた手引きとなりますが，新しい発見への刺激という点では，幾何学の有する鋭い類別力には比べものにならな

いうことが判り始めてきました。

サグレド　私には論理学というものはすでに発見され，完成されている論証また証明の確実性を検査する方法を教えるもののように思います。しかし正しい論証または証明を見出すことを教えるものとは信じられません。

　ところで元の論題に戻って，支点が一つの木製棒に沿ってある点から他の点に移るとき，棒を破壊に至らしめるには外力をいかなる比率で増大（または減少）させねばならないかをサルヴィアチさんに示して頂くのがよいと思いますが。

サルヴィアチ　あなたの得たい比率は次のように決定されます。

　もし破壊を起こすべき二つの点を一本の棒中に指定したとすると，この二つの支点の抵抗力の比はそれぞれの点から棒の端部までの距離によって構成される矩形の断面積の逆比に等しい。ここで，支点の抵抗力とは支点に生ずる反力のことである。

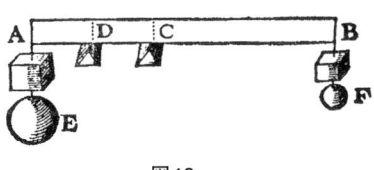

図18

　図18において，AおよびBを支点Cで棒の破壊を起こさしめる最小の力とする。同様にEとFを支点Dで棒の破壊を起こさしめる最小の力とする。そうすると力AとBの和と力EとFの和の比は，矩形の面積AD×DBと面積AC×CBの比に等しい。ここでA，B，E，Fが力を表すときは，$\overline{A}$，$\overline{B}$，$\overline{E}$，$\overline{F}$と書くことにすると，力の比$\dfrac{\overline{A}+\overline{B}}{\overline{E}+\overline{F}}$は3つの項の積に書き換えることができる。

　すなわち $\dfrac{\overline{A}+\overline{B}}{\overline{E}+\overline{F}} = \dfrac{\overline{A}+\overline{B}}{\overline{B}} \times \dfrac{\overline{B}}{\overline{F}} \times \dfrac{\overline{F}}{\overline{F}+\overline{E}}$

　ここで支点Cの反力$\overline{C}$は$\overline{A}$と$\overline{B}$の和であるから，

$(\overline{A}+\overline{B})\ CA = \overline{B} \cdot BA,$

　すなわち $\dfrac{BA}{CA} = \dfrac{\overline{A}+\overline{B}}{\overline{B}}$，同様に$\overline{D}=\overline{E}+\overline{F}$であるから

$(\overline{E}+\overline{F})\ DA = \overline{F} \cdot BA,$

　すなわち $\dfrac{AB}{AD} = \dfrac{\overline{E}+\overline{F}}{\overline{F}}$，また棒ABは均等断面であり，どちらの点の抵抗モーメントも等しいから，$\overline{F} \cdot DB = \overline{B} \cdot CB,$

　すなわち，$\dfrac{DB}{CB} = \dfrac{\overline{B}}{\overline{F}}$

　ゆえに $\dfrac{\overline{A}+\overline{B}}{\overline{E}+\overline{F}} = \dfrac{BA}{CA} \cdot \dfrac{DB}{CB} \cdot \dfrac{DA}{BA} = \dfrac{DB \cdot DA}{CA \cdot CB}$ となる。

ここで右辺はD点の両側を辺長とする矩形の断面積とC点の両側を辺長とする矩形の断面積の比であるから命題が成り立つ。

[解説] 図8′, Aにおいて支点の両側の長さを$\alpha\ell$, $(1-\alpha)\ell$, $0 \leq \alpha \leq 1$, とし, それぞれの端に荷重F_1, F_2が作用するものとする。支点のモーメントは, 断面の極限抵抗モーメントRに達している。支点反力, $W = F_1 + F_2$がこの釣合い系の破壊耐力で, 膝から加える破壊力に相当する。

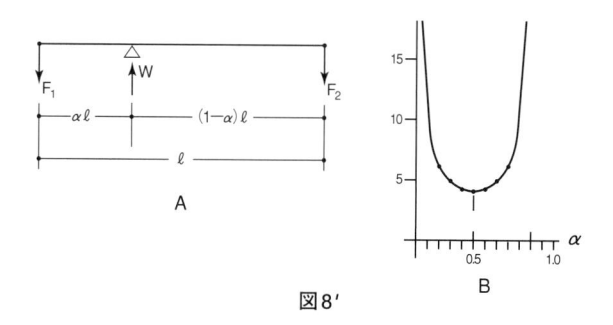

図8′

最大耐力時のこの系の釣合いは

$$F_1 \cdot \alpha\ell = R = F_2(1-\alpha)\ell, \quad 0 \leq \alpha \leq 1$$

で表されるから,

$$F_1 = \frac{R}{\alpha\ell}, \quad F_2 = \frac{R}{(1-\alpha)\ell}$$

ゆえに$W = F_1 + F_2 = \dfrac{1}{\alpha(1-\alpha)} \cdot \dfrac{R}{\ell}$ ……………(1)

$\dfrac{R}{\ell}$は与えられた棒に対して一定値である。

(1)式を図示すると図8′Bのようになり, 棒の中央点

($\alpha = 0.5$)に加力するときに最も小さい力で棒が折れ，加力点が棒の端に近づくと破壊耐力は無限大に近づく。

この解析では棒のせん断耐力が考慮されていないので，このような結果になるが，現実には棒のせん断耐力で破壊耐力は規定される。

また（1）式の右辺，$\alpha(1-\alpha)$は支点両側の材長の積，すなわち断面積の指標となるから，第二番目の命題を証明することになる。

この定理の帰結として次のような興味ある問題を解くことができる。

ある円棒または角棒が材中央で支持されるとき，支点の支持し得る最大荷重（この点で棒の耐力は最小となる）が与えられるとする。この棒に，より大きい荷重が指定されたとき，これに極限的に耐えうる支点の位置を見出せ。

棒ABが中点で支えられるときの最大荷重が与えられたとする。これに，より大きい荷重が指定されたとき，このより大きい荷重の一つと中点載荷時の荷重の比が長さEとFの比に等しいとする。問題は，このより大きい荷重が棒の支持し得る最大荷重となるような点をAB中に見出すことである（**図19参照**）。

図19

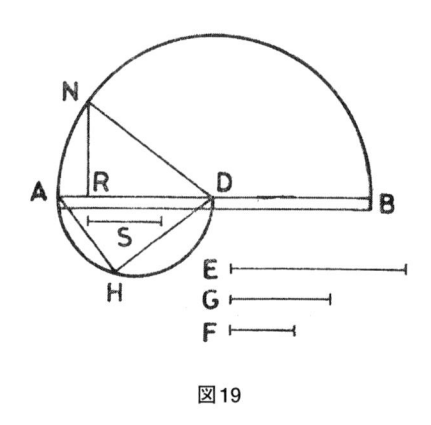

GをEとFの比例中項,すなわち$G=\sqrt{E\cdot F}$とし,図19に示すように$\dfrac{AD}{S}=\dfrac{E}{G}$になるようにADおよびSを引く。ここにDは材長ABの中点,また題意によりE>F,従ってE>GであるからAD>Sである。

ADを直径とする半円AHDを描き,円周上にAH=Sなる点Hをとって HDを結ぶ。DR=HDなる点RをAD上にとると,このR点が求める点である。すなわち,この点が,中点D載荷時の最大荷重より大きい指定荷重を極限的に支え得る点である。

材長ABを直径とする半円ANBを描き,R点から垂線を立て半円との交点Nを求め,RN,NDを結ぶ。そうすると図形から$NR^2+RD^2=ND^2=AD^2=AH^2+HD^2$であり,設定によりHD=DRであるから$NR^2=AH^2=S^2$となる。

ここで始めに戻り長さ関係は$\dfrac{S}{AD}=\dfrac{G}{E}$または$\dfrac{S^2}{AD^2}=\dfrac{G^2}{E^2}$

$= \dfrac{F}{E}$ になるように決めたのであり,中央載荷時の最大荷重と他の点載荷時の最大荷重の比が $\dfrac{F}{E}$ に等しいとしたのであるから,この荷重比を β と書くと

$$\beta = \dfrac{F}{E} = \dfrac{S^2}{AD^2} \qquad \text{となる。}$$

$\dfrac{S^2}{AD^2} = \dfrac{NR^2}{AD^2}$ は方冪の定理 $NR^2 = AR \cdot RB = (AD - RD)(AD + RD) = AD^2 - RD^2$ を用いると $\dfrac{S^2}{AD^2} = 1 - \left(\dfrac{RD}{AD}\right)^2$ となり,$\beta = 1 - \left(\dfrac{RD}{AD}\right)^2$,つまり $\dfrac{RD}{AD} = \sqrt{1 - \beta}$ より RD の位置が決まる。

[解説] この証明はやや複雑である。筆者はこの二番目の命題は最初の命題の帰結として求められると言っているのであるから最初の命題をそのまま用いて次のように解く方がより適切であると思われる。最初の命題は,一つの棒の中に二つの破壊点を指定したとすると,このおのおのの点に破壊を起こさしめる支点反力,つまり棒の破壊強さの比は,支点から各材端までの距離で構成される矩形の断面積の逆比に等しいというのである。支点が材中央にあるときの破壊耐力と,支点が中央以外の点にあるときの破壊耐力の比を β とする($\beta < 1$,筆者もより強い耐力を指定すると言っている)。また,図9′でRを支点位置,$AB = \ell$ を棒の長さ,Rから両材端までの距離をそれぞれ $\alpha \ell$,$(1 - \alpha) \ell$ とすると,この命題は次のように書ける。

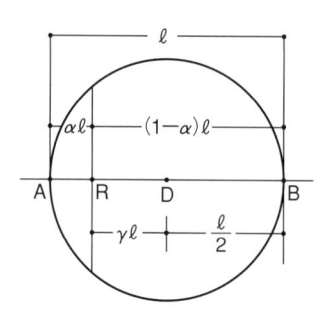

図9′

$$\frac{W_0}{W} = \beta = \frac{\alpha(1-\alpha)\ell^2}{\frac{1}{4}\ell^2}, \quad \text{より} \quad \beta = 4\alpha(1-\alpha) \cdots (1)$$

ここに W_0：中点に支点のあるときの棒の破壊強さ，W：R点に支点のあるときの棒の破壊強さ。

命題ではR点の位置を $RD = \gamma\ell$ で表しているから，α を γ で表すと

$\alpha\ell + \gamma\ell = \dfrac{\ell}{2}$，すなわち，$\alpha = \dfrac{1}{2} - \gamma$，これを (1) 式に入れると

$\beta = 4\left(\dfrac{1}{2} - \gamma\right)\left(\dfrac{1}{2} + \gamma\right) = 1 - 4\gamma^2$,

すなわち，$\beta = 1 - 4\gamma^2$ ……………… (2)

となる。

命題では $RD = \gamma\ell$，$AD = \dfrac{\ell}{2}$ で表しているから，

$\gamma = \dfrac{1}{2}\left(\dfrac{RD}{AD}\right)$ である。これを (2) 式に入れると

$\beta = 1 - \left(\dfrac{RD}{AD}\right)^2$，$\dfrac{RD}{AD} = \sqrt{1-\beta}$ となり，命題の結果と一致する。

> 別の表現を用いると，図8′，Bで，最初の命題は支点位置を表す a を x とし，破壊荷重を表す変数，$\frac{W}{(R/\ell)}$ を y とすると y と x の関係 $y = f(x)$ を求めるということであり，第2の命題は $y = f(x)$ を $x = g(y)$ に変換し，y が与えられたとき x が求まる形にせよということである。

サグレド 完全に理解できました。そこで，棒ABの外力モーメントは荷重点下で最大となり，このモーメントが梁断面の破壊抵抗モーメントに等しくなったとき梁の耐荷能力は限界値に達する。このとき，荷重点から離れた所ではモーメントの値は小さく断面の保有抵抗モーメントに対して余裕がある。従って大きな梁の場合，この余裕のある部分を切り取ってしまえば梁の重量を減らすことができ，また梁下の空間が広がるので部屋の使用勝手がよくなるという風に私は考えるのですが。あらゆる点で等しい抵抗モーメントを発揮するような梁の形を発見できればすばらしいと思います。そうすれば中央点載荷時の梁の不利な点は除かれると思います。

サルヴィアチ 私はちょうど，この問題に関係のある注目すべき事実を述べようとしていたところでした。私の言わんとするところを図を用いて説明しましょう。

図20でDBをAD端固定，B端自由の角形断面片持梁とし，先端Bに荷重が作用するものとする。すでに示したように固定端ADを破壊せしめる先端荷重の値はCI面を破壊せしめる先端荷重より $\frac{CB}{AB}$ の比で小さくなる。

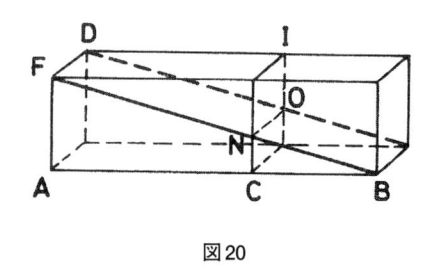

図20

今この角棒を対角線FBに沿って両面共三角形FABになるように切断したものを想定する。この固体は上記角形断面梁とは次のような異なった力学的性質を持つ。すなわちC点を破壊せしめる先端荷重の値はA点を破壊せしめる先端荷重より $\frac{CB}{AB}$ の比で小さくなる。このことは，次のように証明される。CNOをAFDに平行に切った切断面とすると，$\frac{FA}{CN} = \frac{AB}{CB}$ である。A点およびC点をそれぞれ，プリズムFABとプリズムNCBの支点と考えると，前者のレバーアームの比 $\frac{BA}{AF}$ と後者のレバーアームの比 $\frac{BC}{CN}$ は等しい。ところで先端荷重による外力モーメントと支点における反力モーメントは釣合わねばならないから，先端Bに任意の荷重Wが作用するときAFD面に生ずる引

張力を F_1,CNO 面に生ずる引張力を F_2 とすると,

AB・W ＝ AF・F_1, BC・W ＝ CN・F_2, すなわち,
$\frac{F_1}{F_2} = \frac{AB}{AF} \cdot \frac{CN}{BC}$,しかるに $\frac{AB}{AF} \cdot \frac{CN}{BC} = 1$ であるから,
$F_1 = F_2$,任意の先端荷重によって AFD 面に生ずる引張力と CNO 面に生ずる引張力は等しい。

ここで棒の最大耐力状態を考えると CNO 面の最大引張力強さ F_c は断面積 CNO × σ_u(σ_u:材料の引張強度)であり,AFD 断面の最大引張強さ F_A は断面積 AFD × σ_u であるから,これに釣合う先端荷重はそれぞれ $W_c = \frac{CN}{CB} F_c$, $W_A = \frac{AF}{AB} \times F_A$ となり $\frac{W_A}{W_c} = \frac{AF}{AB} \cdot \frac{CB}{CN} \cdot \frac{F_A}{F_c} = \frac{F_A}{F_c} = \frac{AF}{CN}$,すなわち $W_c = \left(\frac{CN}{AF}\right) W_A$ である。よって「C 点を破壊せしめる先端荷重 W_c は A 点を破壊せしめる先端荷重 W_A より $\frac{CN}{AF} \left(= \frac{BC}{AB}\right)$ の比で小さくなる」という主張は証明された。

このことを断面内に生ずる応力度を用いて説明すると,断面 CNO の引張力が限界値 F_c ＝(断面積 CNO)× σ_u に達するときの材端荷重 W_c は $W_c = F_c \cdot \frac{NC}{CB}$ である。このとき,前記により AFD 断面内にも同じ引張力 F_c が生ずるから,断面内応力度は $\sigma = \frac{F_c}{断面積(AFD)} = \frac{断面積(CNO)}{断面積(AFD)} \cdot \sigma_u = \frac{CN}{AF} \cdot \sigma_u < \sigma_u$ であり引張強度に達しない。従って破断は CNO 断面に起こるということになる。

以上のように我々は均等断面の角棒とこれを対角線 BF で切断して容積が半分になるプリズム状の棒 FBA をとりあげたが,

この二つは前者が材長が短くなるほど強くなり，後者は材長が短くなるほど弱くなるという反対の力学的特性を有することが判った。この事実に基づけば，角棒をある適切な線に沿って切断し，余計な部分を取り除けば，材長に沿うあらゆる点で曲げ耐力が等しくなるような固体を見出すことが確実にできるであろう。

シンプリチオ 大きい所から小さい所へ移行してゆけば等しい所に出合うのは当然です。

サグレド いや，問題はどのような経路で切断を行うべきかということなのです。

シンプリチオ 私にはそれも難しいことではないように思われます。角棒を対角線に沿って切断し，余計な半分を取り除くと，残った固体は完全な角棒と逆の特性を持ちます。すなわち角棒の耐荷能力が強くなるあらゆる点で三角形プリズム棒の耐荷能力は弱くなります。そこで私は両者の中間の経路つまり取り除かれた部分のさらに半分，あるいは全体の $\frac{1}{4}$ を取除くことにより，残った棒はあらゆる点で等しい強さを示すでしょう。これらの点では，角形棒で失った量とプリズム棒で得た量が等しくなるからです。

サルヴィアチ シンプリチオさん，あなたは軽率な誤りをおかしました。私がこれから示すように，弱体化させずに角棒から取り除き得る量は $\frac{1}{4}$ ではなく $\frac{1}{3}$ です。これからやるべきことはサグレド君が言いだしたように，鋸の進むべき経路を見つけることです。後に証明しますが，この経路は放物線に違いありません。しかしその前にまず次の補助定理を証明する必要があります。

> 梃子または天秤の右端に加わる力を外力，これと釣合う左端に働く力を反力と言うことにすると，補助定理は次のように表現される。二つの梃子または天秤があって，その外力側のアーム長さの比が，反力側のアーム長さの比の2乗に等しく，かつこの二つの反力の比が反力側アームの長さの比に等しいように支点が置かれる場合には，二つの梃子の外力の大きさは等しい。

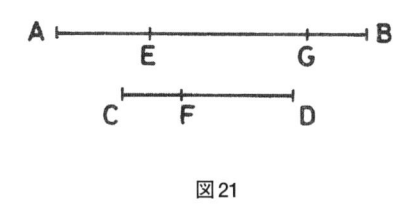

図21

図21に示す二つの梃子の支点をそれぞれEおよびFとする。$\frac{\mathrm{EB}}{\mathrm{FD}} = \left(\frac{\mathrm{EA}}{\mathrm{FC}}\right)^2$ であり，かつA点の反力とC点の反力の

比が $\dfrac{\mathrm{EA}}{\mathrm{FC}}$ に等しい場合には，A点およびC点の反力に釣合うためにB点およびD点に加えるべき外力は相等しいという論旨である。

EG を EB と FD の比例中項（$\mathrm{EG}^2 = \mathrm{EB} \cdot \mathrm{FD}$）とすると，$\dfrac{\mathrm{BE}}{\mathrm{EG}} = \dfrac{\mathrm{EG}}{\mathrm{FD}} = \dfrac{\mathrm{AE}}{\mathrm{CF}}$ なる関係が得られる*。

しかるに比 $\dfrac{\mathrm{AE}}{\mathrm{FC}}$ はA点の反力とC点の反力の比に等しいと仮定したものである。また $\dfrac{\mathrm{EG}}{\mathrm{FD}} = \dfrac{\mathrm{AE}}{\mathrm{CF}}$ すなわち $\dfrac{\mathrm{EG}}{\mathrm{AE}} = \dfrac{\mathrm{FD}}{\mathrm{CF}}$ であり，DCとGAは支点FとEで等比に分割されていることが判る。従ってD点にある外力が加えられたときC点に生ずる反力は，同じ外力がG点に加えられたときA点に生ずる反力と等しくなる。しかるに設定条件により反力Aと反力Cの比は $\dfrac{\mathrm{AE}}{\mathrm{CF}}$ に等しく，これは上に見たごとく $\dfrac{\mathrm{BE}}{\mathrm{EG}}$ に等しい。ゆえにG点に加えられたこの力（むしろD点と言うべき）がB点に加えられたときはアーム長さが $\dfrac{\mathrm{BE}}{\mathrm{EG}}$ 倍だけ長くなるからA点の反力も同じ倍率だけ大きくなりA点の反力とC点の反力の比が $\dfrac{\mathrm{AE}}{\mathrm{CF}}$ $\left(= \dfrac{\mathrm{BE}}{\mathrm{EG}} \right)$ に等しいという最初の前提条件と一致する。

---

*訳註：$\dfrac{\mathrm{BE}^2}{\mathrm{EG}^2} = \dfrac{\mathrm{BE}^2}{\mathrm{BE} \cdot \mathrm{FD}} = \dfrac{\mathrm{BE}}{\mathrm{FD}}$，題意により $\dfrac{\mathrm{BE}}{\mathrm{FD}} = \dfrac{\mathrm{EA}^2}{\mathrm{FC}^2}$，ゆえに $\dfrac{\mathrm{BE}}{\mathrm{EG}} = \dfrac{\mathrm{EA}}{\mathrm{FC}}$，また $\dfrac{\mathrm{EG}^2}{\mathrm{FD}^2} = \dfrac{\mathrm{EB} \cdot \mathrm{FD}}{\mathrm{FD}^2} = \dfrac{\mathrm{EB}}{\mathrm{FD}} = \dfrac{\mathrm{EA}^2}{\mathrm{FC}^2}$ より $\dfrac{\mathrm{EA}}{\mathrm{FC}} = \dfrac{\mathrm{EG}}{\mathrm{FD}}$

図22

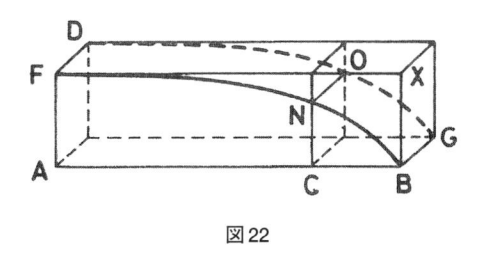

この補助定理を用いて，次の結論が導かれる。

　図22において角棒の側面FB上にBを頂点とする放物線FNBを描き，これに沿って角棒を切断する。残った立体は，固定端断面AD，角棒の底面AG，梁幅に当たる直線BG，放物曲面DGBF（その曲率は放物線FNBに等しい），によって構成されている。このようにしてできた片持梁は材長に沿うすべての断面で同じ強さを示す。なぜならば，この片持梁を固定端断面ADに平行な面COで切断した場合を想定し，AおよびCを図20の梃子モデルの支点に対応させると，一つの梃子のレバーアームはBAとAF，他の梃子のレバーアームはBCとCNであり，放物線FBAでは $\frac{\text{BA}}{\text{BC}} = \frac{\text{AF}^2}{\text{CN}^2}$ の関係があるから（yを材軸方向，xを梁せい方向の長さにとれば放物線の形は $y = ax^2$ で与えられる），一つの梃子のレバーアームBAと他の梃子のレバーアームBCの比が反力側のレバーアームAFの2乗と他の梃子のレバーアームCNの2乗の比に等しいという補助定理の設定条件をみたしている。また，レバーBAと釣合う反力とレバーBCと釣合う反力の比は矩形ADの断面積と矩形COの断面積の比で

あり，この固体の幅は一定であるからAFとCNの比にも等しい。すなわち補助定理の二番目の条件もみたしている。よってBGに加えられた外力はDAの反力つまりDA面の引張強さにも釣合うし，CO断面の反力にも釣合う。このことはCO以外の任意断面に対しても成立つ。ゆえにこの放物線状の固体は全長にわたって等しい強さを持つことになる。

この放物線状固体の体積は，先にシンプリチオ君に言ったように角棒の体積の $\frac{1}{3}$ を除去したものになる。なぜならば，角棒の幅BGは均一であるから，角棒と放物線状固体の体積比は，梁側面の矩形FBと放物線FNBとAB，FAで囲まれる部分の面積比に等しい。しかるにこの矩形の面積は放物線で囲まれる側面FNBAの面積の1.5倍である。ゆえに角棒を放物線に沿って切断することにより，角棒の $\frac{1}{3}$ の体積を除去したことになる。このようにして，我々はその強さを低下させることなく梁の重量を33％低減させる方法を見出したのである。これによって，大きな容器の有効体積が拡大され，またより大きな床，屋根を支えることができる。なぜならば，このような構造物では軽さが第一義的な重要さをもつからである。

サグレド　　この事実から引き出される利益は多種，多様であり，そのすべてをあげることは繁雑かつ，不可能ですから脇においておいて，私はどのようにしてこの重量低減率が導かれるのかを知りたいと思い

ます。角棒を対角線に沿って切れば重量の $\frac{1}{2}$ は除去されるということは容易に理解できます。しかし放物体の体積が角棒の体積の $\frac{2}{3}$ であるということは，信頼すべきサルヴィアチ氏の言を受け入れるというだけでなく，自分で直接理解したいのです。

サルヴィアチ それでは，あなたは角棒を放物線状に切断・除去すると，除去される部分の体積は角棒の体積の $\frac{1}{3}$ であるということの証明を得たいのですね。この証明はすでに一度お示ししたと思いますが，もう一度やりましょう。この証明はアルキメデスの著書『螺旋形について』中にある一種の補助定理を用いて行ったと記憶しています。

その補助定理とは，
「最も短い線の長さを公差とする任意数の線の集合体が与えられたとする。別にこの集合体のうち最長の線に等しい長さを有する同数の線の集合体が与えられたとする。そうすると第二の集合体の各線長の2乗の総和は第一の集合体の各線の2乗の総和の3倍より小さい。しかしこの第二の集合体の総和は第一の集合体から，その最長のものを除いた残りの線の2乗和の3倍よりは大きい」

というものである。

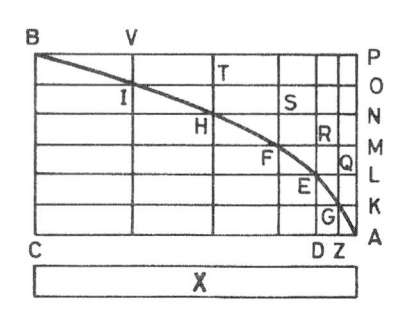

図23

　今，図23のように矩形ACBPの中に放物線ABを描く。証明すべきことは放物線AB，直線BP，PAで囲まれる曲線三角形の面積が全矩形CPの面積の $\frac{1}{3}$ に等しいということである。もしこれが真でなければ $\frac{1}{3}$ より大きいか，小さいかである。今，図中にXで示される細長い矩形の面積分だけ小さいとする（すなわち曲線三角形の面積＋X＝ $\frac{1}{3}$ ×全矩形の面積と仮定する）。全矩形をBPに平行な線で等分割する。そして一つ一つの細長い矩形の面積が先にあげたXより小さくなるまで分割数を増やす。OBをこのように細分割された矩形の代表例とする。これら細分割線と放物線の各交点でAPに平行な線を引く。そして矩形BO，IN，HM，FL，EK，GAの集合体すなわち，放物線の外接図形で曲線三角形の面積を近似する。

　そうすると，この外接図形の面積もまた全矩形CPの面積

の $\frac{1}{3}$ より小さいことになる。なぜならばこの図形の曲線三角形からのはみ出し分の面積はすでにXより小さいとしたBOよりさらに小さいからである。

サグレド　この図形の曲線三角形からのはみ出し分が細長い矩形BOの面積よりはるかに小さいというのがよく判りませんから，もっとゆっくり説明してください。

サルヴィアチ　放物線の通過する小矩形の面積の総和が矩形BOの面積に等しいことは明らかです。そして外接図形が放物線からはみ出している部分は，小矩形，BI，IH，HF，FE，EG，GAの一部ですから，その総和が面積BOより小さいことも明らかです。しかも，我々はBOをXより小さくなるようにしたのですから，はみ出し部分の面積の総和がBOの面積より小さく，従ってXよりはるかに小さいことは明らかではありませんか*。

　以上，我々は曲線三角形の面積が全矩形の面積の $\frac{1}{3}$ より小さいという仮定に立って論証を進めた結果，いかに細分化された放物線の外接図形を

＊訳註：原文はすべて，反語形で強く書かれている。

作っても，その外接図形の面積は全矩形の面積の $\frac{1}{3}$ より小さいという結論を得た。しかしこのことは不可能である。なぜならば，この外接図形の面積は全矩形の面積の $\frac{1}{3}$ より大きいからである。従って，この仮定は正しくないということになる。

サグレド よく判りました。しかし外接図形の面積が全矩形の面積の $\frac{1}{3}$ より大きいということはいまだ証明されていません。この証明はそう容易ではないと思いますが。

サルヴィアチ そう難しいことはありません。それは次のようにしてなされます。

放物線においては $\frac{DE^2}{ZG^2} = \frac{DA}{AZ} = \frac{矩形KEの面積}{矩形AGの面積}$ （AK＝KL であるから）であり，従って，$\frac{DE^2}{ZG^2} = \frac{LA^2}{AK^2} = \frac{矩形KEの面積}{矩形KZの面積}$ となる。

まったく同じ方法で他の矩形についても $\frac{矩形LF}{MA^2} = \frac{矩形MH}{NA^2} = \frac{矩形NI}{OA^2} = \frac{矩形OB}{PA^2}$ の関係が成立つ。すなわち，この外接図形は，その面積と最短線長さを公差とする各線の2乗の比が一定であるような細長い矩形の集合によって成立っているもので

あり，また矩形CPは最も長い細長い矩形OBが前者と同数集合したものであることが判る。このように細長い矩形の面積と線長の2乗はいちいち対応するから，アルキメデスの補助定理を矩形の面積によって表現すると，第二の線の集合体すなわち矩形CPの全面積は第一の線の集合体すなわち外接図形の面積の3倍より小さい。言い換えれば外接図形の面積は矩形CPの面積の$\frac{1}{3}$より大きい，ということになる。

我々は曲線三角形の面積が全矩形の面積の$\frac{1}{3}$より小さいという仮定に立って論証を進めた結果，外接図形の面積も全矩形の面積の$\frac{1}{3}$より小さいという結果を得たのであるが，今このことは不可能であるという証明を得たのである。従って曲線三角形の面積が全矩形の面積の$\frac{1}{3}$より小さいという仮定は真ではなく，曲線三角形の面積は全矩形の面積の$\frac{1}{3}$より小さくはない，と結論される。

同様の方法で，曲線三角形の面積は矩形CPの面積の$\frac{1}{3}$より大きくはなり得ないことを証明する。前と同じ手法でこれが大きいと仮定してみる。そしてXを，曲線三角形の$\frac{1}{3}$CPからの超過量とする。

前と同じように図23において，矩形をBPに平行に等分割し，分割した一つの細長い矩形の面積が面積Xより小さくなるまで細分割する。BOをこのように細分割した矩形の一つとする。今度は曲線三角形の中に矩形，VO，TN，SM，RL，QKよりなる内接図形を描く。この内接図形の面積は矩形CPの面積

の $\frac{1}{3}$ より大きいことになる。なんとなれば，仮定により曲線三角形の面積（A）は矩形CPの $\frac{1}{3}$ （C）よりXだけ大きい[A＝C＋X]。一方Xより小さい細長い矩形BOは，小矩形AG，GE，EF，FH，HI，IBから成立っており，曲線三角形の内接図形からのはみ出し量は疑似三角形，ITH，HSF，FRE，EQG，GKAの和であり，その値はBOの $\frac{1}{2}$ より小さい。これをX′とするとX＞X′である。内接図形の面積をBと書くと，A＝B＋X′である。これと上記A＝C＋Xから，B＝C＋(X－X′) となる。すなわち内接図形の面積は矩形CPの面積の $\frac{1}{3}$ より大きい。

　しかしながら，アルキメデスの補助定理によると内接図形の面積はCPの $\frac{1}{3}$ より小さいことになる。補助定理は「最長の線の集合体における，線長の2乗の総和は，最短の線の長さを公差とする任意数の線の集合体から，その最長のものを除いた残りの線の2乗の和の3倍よりは大きい」というものであるが，これを前題と同じく，細長い矩形の面積と線長の2乗との対応を用いて，図形面積の大小関係に適用すると，最長の線の集合体における線の2乗の総和は矩形CPの全面積に対応し，公差を持つ任意数の線の集合体から，その最長のものを除いた残りの線の2乗の和は内接図形の全面積に対応するので，矩形CPの面積は内接図形の面積の3倍よりは大きい。言い換えれば内接図形の面積は矩形CPの面積の $\frac{1}{3}$ より小さいということに

なる。これは先に得た結果に反する。

　この結果は「曲線三角形の面積は矩形CPの面積の$\frac{1}{3}$より大きい」という仮定から導かれたのであるから，この仮定が真でなかったことになる。すなわち，曲線三角形の面積は矩形CPの面積の$\frac{1}{3}$より大きくはないということになる。

　しかるに最初の外接図形からの結論では曲線三角形の面積は矩形CPの面積の$\frac{1}{3}$より小さくはないということであるから，結局，曲線三角形の面積は矩形CPの面積の$\frac{1}{3}$に等しいということになる。

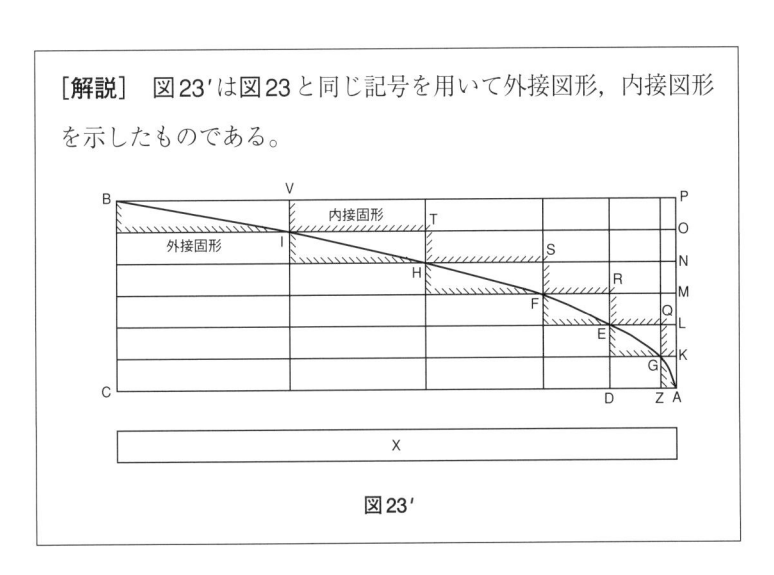

[解説]　図23′は図23と同じ記号を用いて外接図形，内接図形を示したものである。

図23′

サグレド	洗練された，かつ巧妙な論証です。さらにこれが放物線の面積は内接三角形の$\frac{4}{3}$倍であるという求積法を与えるという点でいっそう価値あるもの

です。この事柄はアルキメデスが二組の称賛すべき一連の命題を用いて証明しています。この定理は現代のアルキメデスと呼ばれるルカ・ヴァレリオ（Luca Valerio）によっても確証されています。

　この論証は固体の重心を扱った彼の著書の中に見出されます。

サルヴィアチ　この本は，実に現在および過去における最も著名な幾何学者の著書のさらに上をいくものです。我々のよく知っているリンチェオ（学士会員）はルカ・ヴァレリオの本を入手したとたんこの問題に関する彼の研究を放棄することになりました。彼はヴァレリオによってすべてがいかに適切に扱われ，論証されたかを知ったからです。

サグレド　私がこのことを学士会員先生から直接お聞きしたとき，ヴァレリオの本を見る以前に先生が発見された証明を見せてくださるようお願いしたのですが果たせませんでした。

サルヴィアチ　私はそのコピーを持っているので見せてあげましょう。あなたは同じ結論に達し，かつそれを証明するために，二人の著者の採用した方法の差異を

興味深く読み取ることができるでしょう。あなたはまたこれらの結論のいくつかは異なった方法で説明されていることを見出すでしょう。両者は事実上等しく，かつ正しいのですが。

サグレド それを見るのを楽しみにしています。さらにあなたがこの問題を我々の定例の会合で取り上げてくだされればありがたいと思います。しかし当面は，放物線状に切断した固体の強度的優位性を考えると，実際の設計にも大いに役立つと思われるので，機械技師が平面上に放物線を描くための速くてやさしい方法を教えてくだされればすばらしいと思いますが。

サルヴィアチ この曲線を描く方法はたくさんあります。私は最も速い方法を二つだけ述べましょう。最初の方法は，人が紙の上に大きさの違う4～6個の円をコムパスを用いて描くのと同じ正確さ，きれいさで，しかもより速く，30～40の放物線を描くことができるのですから実にすばらしいものです。

　クルミくらいの大きさの真鍮製の完全な球をとり，これを略鉛直に立てた金属製の鏡に沿って投げ，球が鏡面を軽く圧しながら走るようにします。

それによって鏡面上に細くて鋭い, 軌跡を残すようにします。こうしてできる放物線は鏡面の傾斜角が大きくなるほど, 長く, 幅の狭いものになります。この実験は投げた物の軌跡が放物線であることを明確に証明しています。このことは我々の友人が初めて観察したもので, 彼の運動に関する著書の中で証明されています。次の会合でこの問題を取り上げましょう。この方法の実行に当たっては, あらかじめ球を手でこすって熱と湿気を与え, 鏡上の軌跡をよりはっきりさせるのがよいでしょう。

　角柱の側面に求める曲線を描くもう一つの方法は次のようなものです。壁の適当な高さに二本の釘を水平線上に打ちます。釘の間隔は放物線の半分を描くに必要な矩形の幅の2倍にとります。この二本の釘の上に軽い鎖を吊ります。その長さは鎖のたるみの深さが角棒の長さになるようにします。この鎖は放物線の形になります*。従ってこの形を壁の上に必要な数の点によってマークすれば放物線が得られ, 二つの釘の中点を通る垂線で切断すれば求める線を得ます。

＊訳註：これは正確には放物線ではなく懸垂線（catenary）である。

これまで我々は固体の耐荷能力に関する数多くの結論を示してきた。出発点として，真直に引張ったときの固体の抵抗力（強さ）は既知であると前提した。これに基づいて他の多くの結果の発見およびその証明に進むことができた。自然界に見出されるこれらの結果の数は無数にある。しかしながら，本日の討論に一つの決着をつけるために，私は中空物体の強さについて論じたいと思う。中空物体は重量を増すことなしに強さを著しく増すことを目的として人工物にまた自然界ではさらに数多くとりいれられているものである。

　これらの例は鳥の羽根の骨格や多くの種類の葦の茎に見られる。これらは軽くて曲げや破壊に対して強い抵抗力をもっている。もし小麦の茎が断面積の等しい中実のものでできていたら，とても穂の重さに耐えられないであろう。また人類も中空の槍や木製，金属製の管は，同じ長さ，重量の中実棒——当然これらは細くなる——よりはるかに強くなることを経験によって知り，実用によって確認したのである。つまり，人類は槍を強くかつ軽くするには，断面を中空かつ薄くする必要があることを発見したのである。ではこれを証明しよう。

> 　一つは中空，他は中実で両者は同じ体積，長さを有する二つの円形棒にあっては，その抵抗力（強さ）の比は直径の比に等しい。

図24

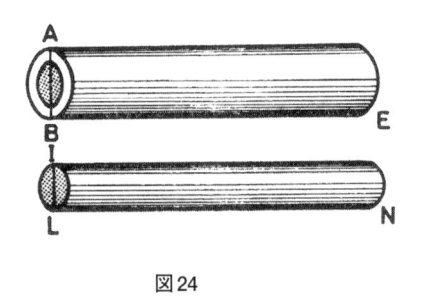

　図24においてAEを中空円筒，INをこれと同じ重量，長さを有する中実円筒とするとAEとINの曲げ破壊強さの比は直径ABとILの比に等しい。中空棒と中実棒は同じ体積，長さを有するから，中実円棒の断面積ILと中空棒の断面積AB（異なった半径を有する二つの同心円で囲まれる部分の面積）は等しい。従って両者が真直に引張られたときの破壊強さは等しい。これは自明である。今AE，INをそれぞれAB，ILを固定端とし自由端E，Nにせん断荷重をうける片持梁とし，これを前と同じように梃子の釣合い系でモデル化すると，中実棒INの場合はL点を支点とし，外力側のレバーアームがLN，直径LI（またはその半分）を反力側のレバーアームとする梃子であり，中空棒の場合はB点を支点とし，外力側のレバーアームがBE，直径BAを反力側のレバーアームとする梃子となる。そうするとBE＝LNであるから外力のモーメント効果は同じであり，これと釣合う反力側の抵抗モーメントは（反力）×（反力側・レバーアーム）であり，反力は断面の引張強さで両者等しいから固定

端抵抗モーメントすなわち棒の強さは反力側のレバーアーム（＝断面の直径）の比で決まる。このように棒が同材料，同断面積，同長であれば，両者の曲げ強さの比は直径の比に等しい。

次に長さは同じであるが，体積（断面積）と中空部分の割合が変化する中空棒と中実棒という，より一般的な場合について研究しよう。

まず第一に次のことを示す。

> 中空円棒が与えられたとき，これと断面積の等しい中実円棒を決めることができる。

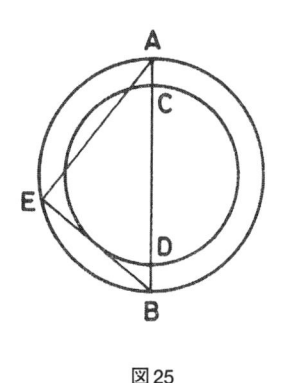

図25

その方法は極めて簡単である。図25においてAB，CDをそれぞれ中空円筒の外径および内径とする。大きい方の円上に長さCDに等しい線AEを引き，EとBを結ぶ。角AEBは直角となるから，ピタゴラスの定理によりABを直径とする円の面積

はAEを直径とする円の面積とEBを直径とする円の面積の和に等しい。題意によりAE＝CDであり，CDは円筒の内径であるから，EBを直径とする円の面積は円環ACBDの断面積に等しい。よって直径EBの中実円の面積は与えられた中空円筒の断面積に等しい。

上に得た二つの命題，

1) 等長，同断面積である中空円形棒と中実円形棒の曲げ強さの比はそれぞれの直径の比に等しい。
2) 中空円棒が与えられたとき，これと断面積の等しい中実円棒を決めることができる。

を用いて次の命題を解くことができる。

　長さの等しい任意の中空円形棒と任意の中実円形棒の抵抗力（曲げ強さ）の比を見出すこと。

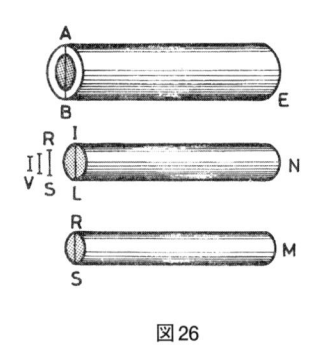

図26

図26において，AEを直径ABの中空円形棒，RMをこれと

長さの等しい直径RSの中実円形棒とすると、問題は両者の曲げ強さの比を求めることである。

ⅰ）まず命題2）によりAEと同じ断面積、長さを持つ中実円形棒の直径ILを決定する。

ⅱ）次に直径RSとILが $\dfrac{V}{RS} = \left(\dfrac{RS}{IL}\right)^2$ で関係づけられるような線分Vを定義する。

ⅲ）そうすると、中空棒AEと中実棒RMの曲げ強さの比は直径ABと線分Vの比に等しくなる。

なぜならば、命題1）、2）により中空棒AEと中実棒INは長さ、断面積が等しいから、その曲げ強さの比は $\dfrac{AB}{IL}$ に等しい。一方中実棒INと中実棒RMの固定端抵抗モーメント（棒の曲げ強さ）の比は直径ILの3乗と直径RSの3乗の比に等しいが、設定ⅱ）により $\dfrac{IL^3}{RS^3} = \dfrac{IL^2}{RS^2} \cdot \dfrac{IL}{RS} = \dfrac{RS}{V} \cdot \dfrac{IL}{RS} = \dfrac{IL}{V}$ となる。

棒AE、IN、RMの固定端抵抗モーメントすなわち、曲げ強さをそれぞれ $\overline{AE}$, $\overline{IN}$, $\overline{RM}$ と書くと、上に得た結果から

$\dfrac{\overline{AE}}{\overline{IN}} = \dfrac{AB}{IL}$, $\dfrac{\overline{IN}}{\overline{RM}} = \dfrac{IL}{V}$ より、

$\dfrac{\overline{AE}}{\overline{RM}} = \dfrac{\overline{AE}}{\overline{IN}} \cdot \dfrac{\overline{IN}}{\overline{RM}} = \dfrac{AB}{IL} \cdot \dfrac{IL}{V} = \dfrac{AB}{V}$ となる。

すなわち、任意の中空棒AEと任意の中実棒RMの曲げ強さの比は $\dfrac{AB}{V}$ に等しいと結論される。ここにABは任意の中空棒の直径であり、$V = \dfrac{RS^3}{IL^2}$ で与えられる。ILは命題2）の方法で決めることができる。　　　　　　　　　　（第二日目の終わり）

3 あとがき

 以上,ガリレイは,天秤において中心に支点をもつ棒の両端に等重量が吊られるとき,その系は平衡を保つということだけを原理として前提し,この原理のみを用いて幾何学的手法により梁の強度理論を展開したのである。

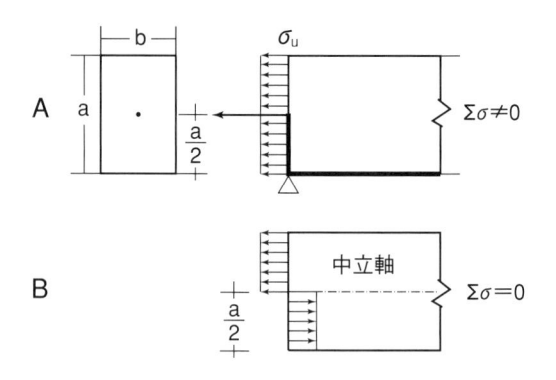

 天秤の平衡だけを原理とする以上,梁を論ずる場合も,その中立軸を断面の下端に置くことになるが,これは断面内軸方向応力の総和が0(ゼロ)になるという条件をみたさない。

 その結果,

 彼の理論では梁の固定端抵抗モーメントは図Aに示すごとく,$M = \dfrac{1}{2} a^2 b \sigma_u$。

現行単純塑性理論では（図B），$M_p = \dfrac{1}{4} a^2 b \sigma_u$
となり2倍の差を生じる。しかし，ガリレイは全論文を通じて寸法の異なる二つの棒の耐力比で強弱を論じているから，このような断面形状係数は消去されるので，得られる結論に影響を与えない。

　曲げにおける中立軸の問題は断面内繊維の伸び縮みを考えて始めて解決するものであり，ガリレイがこの論文を書いた時点ではフックの法則はまだ公表されていない。この意味で彼の力学は弾性力学というよりは一種の剛塑性力学である。つまり，梁の変形を論ずるには至っていない。

　しかしながら，この梁の強度理論の出現によって斯界は大きな刺激をうけ，下記のような著名な学者達によって梁理論が急速に展開されることになる。

1) マリオット（E.Mariotte, 1620〜1684）

　実験により梁の曲げ凸側に大きな伸びが生ずることを観察した。これに基づきガリレイと同じく断面下端の支点を回転中心（中立軸）とし，断面内応力分布を三角形として梁の強さを計算した。

2) フック（Robert Hook, 1635〜1703）

　数多くの実験に基づいて力と変形の関係を調査し，いわゆるフックの法則を確立し，その後の弾性体力学の基礎を築いた。

3) ライプニッツ（Leibnitz, 1646〜1710）

4) ベルヌーイ兄弟：ヤコブ・ベルヌーイ（Jacob Bernoulli, 1654～1705），ヨハン・ベルヌーイ（John Bernoulli, 1667～1748）

ガリレイ，マリオットが幾何学的手法によって梁の強さを研究したのに対し，ベルヌーイ兄弟およびライプニッツは梁の微小部分の釣合い式（微分方程式）を書き，これを解いて梁の応力，変形を求めるいわゆる解析的手法を開発した。彼等の研究は微分方程式を解くことに主眼が置かれており，中立軸はガリレイにならって梁断面の下端に仮定されている。この解析手法はヨハンの子ダニエルとその弟子オイラーによって引き継がれ，今日の材料力学表示の原形となった。

5) クーロン（C.A.Coulomb, 1736～1806）

曲げをうける梁の凸側は引張応力をうけ，凹側は圧縮応力をうける。そして材軸方向の応力の総和は0(ゼロ)であることを実証した。このように彼は梁断面の内力分布について正しい認識を得ていたのであるが，中立軸の定義は行っていない。

6) ナビエ（Navier, 1785～1836）

ナビエは1819年にエコール・デ・ポン・エ・ショセ（Ecole de Ponts et Chaussé）で材料力学の講義を始め，1826年講義録第1版が出版された。これによって梁の弾性力学はほぼ完成したと言える。彼は最初はマリオットやベルヌーイと同様中立軸の位置は重要な意味を持っていないと考えており，断面内引張応力のモーメントと圧縮応力のモーメントが等しくなるように

断面を分断するのが中立軸であると考えていた。しかし前記講義録出版時には「フックの法則に従う材料では中立軸は断面の図心を通らねばならない」と改めている。

 18世紀迄の出版物とこの講義とを比較すると，前者が材料の終局強度に基づく梁の極限荷重を求めるための実験と理論研究を行ったのに対し，ナビエは材料の弾性限界に重点を置いていることが判る。材料の応力―歪関係の直線性を仮定すれば変形計算も容易になり，整然とした弾性理論体系が確立されるということは勿論大きな学術的成果であるが，同時に，これは残留変形および過度の変形防止が構造物の使用上，極めて重要であるという彼の認識の反映でもある。

 最後に，ガリレイが棒が単純引張をうける場合と曲げをうける場合との強度関係の考察から，比喩的に途方もない巨人は存在しえないとか，動物一般の体形・重量と骨格の強さ即ち運動機能との関係を論じ，また，船，建物等人工構造物の巨大化の困難さに言及していることは，彼の力学が単に理論的興味によるものではなく，生物界および人工構造物の形態の観察に結びついていることを示唆するものであり先駆的な思考であると言える。

 なお，訳文の用語，記号等について編集担当の久保田昭子さんから読む側の立場から適切な助言をいただいた。この場を借りて御礼申しあげます。

訳者略歴：

加 藤　勉（かとう つとむ）

1929年生まれ。財団法人 熔接研究所理事長
1953年，東京大学工学部建築学科卒業後，1968年，東京大学教授。
その後，1990年，東京大学名誉教授。

ガリレオ・ガリレイの『二つの新科学対話』
静力学について

発　行	2007年6月30日Ⓒ
訳　者	加藤 勉
発行者	鹿島光一
発行所	鹿島出版会
	100-6006 東京都千代田区霞が関3-2-5 霞が関ビル6F
	電話　03-5510-5400
	振替　00160-2-180883
	http://www.kajima-publishing.co.jp/

装丁　西野 洋
DTP・校正　秋耕社
印刷　壮光舎印刷
製本　牧製本

ISBN978-4-306-03343-6 C3050 Printed in Japan
無断転載を禁じます。落丁・乱丁はお取り替えいたします。

本書の内容に関するご意見・ご感想は下記までお寄せください。
info@kajima-publishing.co.jp